FORSCHUNGSBERICHTE DES LANDES NORDRHEIN-WESTFALEN

Nr. 1333

Herausgegeben
im Auftrage des Ministerpräsidenten Dr. Franz Meyers
von Staatssekretär Professor Dr. h. c. Dr. E. h. Leo Brandt

DK 677.118-16:677.021

Dipl.-Ing. Waldemar Rohs
Dipl.-Ing. Rudolf Otto

Technisch-Wissenschaftliches Büro für die Bastfaserindustrie, Bielefeld

Untersuchungen über Fasermischungen in der Bastfaserwergspinnerei

Springer Fachmedien Wiesbaden GmbH

Verlags-Nr. 011333

ISBN 978-3-663-06570-8   ISBN 978-3-663-07483-0 (eBook)
DOI 10.1007/978-3-663-07483-0

© 1963 by Springer Fachmedien Wiesbaden

Ursprünglich erschienen bei Westdeutscher Verlag, Köln und Opladen 1963.

Inhalt

1. Einleitung und Aufgabenstellung 7

2. Prüfung der Faserverteilung 8
   2.1 Fasermarkierung 8
   2.2 Bewertung der Faserverteilung 9

3. Versuchsdurchführung 12
   3.1 Mischverfahren 12
   3.2 Versuchsmaterial 13
   3.3 Spinnplan 13
   3.4 Prüfung 14

4. Versuchsergebnisse 16
   4.1 Vorgarne 16
   4.2 Mischungsanteile 18
   4.3 Korrelationen 20
   4.4 Vorgarnkomponenten 22

5. Zusammenfassung 27

1. Einleitung und Aufgabenstellung

Die in der Bastfaserspinnerei (Flachsspinnerei, Hanfspinnerei, Jutespinnerei) eingesetzten Rohstoffe weisen nach Sorte, Wachstum und Aufbereitung Unterschiede auf, die in den Gespinsten qualitätsbestimmend in Erscheinung treten. Durch Mischen von Rohstoffen mit verschiedenen charakteristischen Eigenschaften (Spinnfähigkeit, Festigkeit, Feinheit, Farbe usw.) können bei den Garnen bestimmte Qualitätsmerkmale erzielt werden. Der Einsatz von Rohstoffmischungen dient außerdem dazu, die Kontinuität einer Garnqualität aufrechtzuerhalten, indem durch Einsatz ausgleichender Mischungskomponenten ein gleichbleibendes Endprodukt erreicht wird. Auch wirtschaftliche Momente spielen bei der Mischung eine Rolle.

Für eine sinnvolle Mischung ist die gleichmäßige Verteilung der einzelnen Komponenten im Gespinst Voraussetzung. Die Intensität der Fasermischung wird maßgeblich beeinflußt durch die Art des Mischverfahrens und durch die Arbeitsgänge der Spinnereivorbereitung. Die spezielle Struktur der in der Bastfaserspinnerei verarbeiteten Bündelfasern muß in diesem Zusammenhang besondere Beachtung finden. Erschwerend kommt hinzu, daß es bei den Rohstoffen der Bastfaserspinnerei eine Standardisierung in dem Maße wie bei anderen Fasern nicht gibt.

Planmäßig durchgeführte Untersuchungen der Mischverfahren für Bastfasern sind bisher nicht bekannt geworden. Die Beurteilung ihrer Zweckmäßigkeit geht in der Praxis von subjektiven Gesichtspunkten aus, woraus auch die häufig auseinandergehenden Ansichten zu erklären sind. Um ein objektives Urteil zu ermöglichen, hat das TWB-Bastfaser in der Flachswergspinnerei gebräuchliche Mischverfahren auf die Gleichmäßigkeit der durch sie erzielten Faserverteilung geprüft. Dabei mußte zunächst die grundsätzliche Frage zur Entscheidung kommen, ob vor oder nach dem Kardieren gemischt werden soll. Während im letzteren Falle praktisch nur die Mischung im Band in Frage kommt, war beim Mischen vor der Karde das zweckmäßigste Verfahren zu ermitteln.

Voraussetzung für die Durchführung dieser Untersuchungen war die Schaffung der Möglichkeit einer geeigneten und die Struktur der technischen Bastfaser nicht angreifenden Markierung der Faseranteile, um sie bei der Auswertung, die unter Anwendung bekannter statistischer Verfahren erfolgte, trennen zu können.

Die Arbeit wurde mit finanzieller Unterstützung des Herrn Ministerpräsidenten des Landes Nordrhein-Westfalen, Landesamt für Forschung, durchgeführt.

2. Prüfung der Faserverteilung

Die Gleichmäßigkeit einer Faserverteilung kann entweder nach der Anordnung oder nach der Anzahl der Fasern verschiedener Mischungskomponenten in aufeinanderfolgenden Gespinstquerschnitten bewertet werden. Während mit der Anordnung der Fasern im Querschnitt die Innigkeit der Fasermischung (Zusammenballungen oder ideale Verteilung) erfaßt wird, gibt die Relation der Faserzahlen im Querschnitt eine Wertung für die Gleichmäßigkeit der Mischung in Längsrichtung. Beide Faktoren bestimmen das Aussehen und die technologischen Eigenschaften der Mischgarne.

Bei der Betrachtung der Mischungsgleichmäßigkeit in vom Farbton unabhängigen Bastfasergarnen ist in erster Linie die letztgenannte Verteilung in Längsrichtung interessant und wird allein in unserer Arbeit behandelt.

Da wir aus fasertechnologischen und versuchstechnischen Gründen eine Zählung der Fasern im Querschnitt auf mikroskopischem Wege nicht vornehmen konnten, arbeiteten wir mit endlichen Gespinstabschnitten und den Gewichten der darin enthaltenen Faseranteile.

2.1 Fasermarkierung

Um eine Trennung der im Mischgespinst von Natur aus nicht ausreichend unterscheidbaren Bastfasern durchführen zu können, mußte vor dem Verspinnen eine zweckentsprechende Markierung der Mischungsanteile vorgenommen werden. Während bei Einzelfasern eine solche Markierung – etwa durch Anfärbung einer der Komponenten bei einer Zweiermischung – Schwierigkeiten nicht bereitet, ist bei technischen Bastfasern als Folge der dafür unerläßlichen Naßbehandlung die Gefahr einer Strukturveränderung der Faserbündel vorhanden.

Mithin war es erforderlich, eine Methode zu finden, deren Anwendung keinen wesentlichen Einfluß auf den Aufbau der Faserbündel hat. Vorbereitende Versuche ergaben, daß eine kräftige Färbung auf rohes Bastfasermaterial auch ohne die sonst für das Färben übliche bzw. notwendige vorherige Aufhellung aufgebracht werden kann. Damit konnten wesentliche Veränderungen der technischen Faser, die beim Bleichen unvermeidlich sind, umgangen werden. Zur Anwendung kam ein substantiver Farbstoff (Siriusrot) nach Vorbehandlung der Fasern mit calzinierter Soda. In beiden Behandlungen wurden Kochtemperaturen vermieden, und ihre Dauer wurde auf ein Mindestmaß beschränkt. Das abschließende Waschen erfolgte mit kaltem Wasser.

Ebenfalls aus Gründen der Faserschonung wurde das Material bei niedrigen Temperaturen getrocknet. Der hierfür verwendete Siebtrommeltrockner, Bauart

Fleißner, arbeitete mit 60–70°C. Das naß behandelte Werg wurde vor dem Trocknen von Hand aufgelockert.

Dieses so vorbereitete Fasermaterial hat bei der späteren Verarbeitung hinsichtlich seines technologischen Verhaltens keinen ins Gewicht fallenden Unterschied gegenüber unbehandeltem Material gezeigt. Aus den später zu besprechenden Ergebnissen geht hervor, daß die Faserausbeute beim Kardieren für behandeltes und unbehandeltes Werg gleich war und daß der Mittelstapel der gefärbten Fasern, verglichen mit dem der unbehandelten, eine nur unwesentlich kürzere Länge aufwies.

2.2 Bewertung der Faserverteilung

Zur Bewertung der Faserverteilung wurden die folgenden Größen herangezogen, wobei nebenher auch eine vergleichende Beurteilung der Gespinste auf ihre Masseschwankungen in Abhängigkeit vom Mischverfahren bzw. von der Zusammensetzung der Mischung vorgenommen wurde.

Für die Ungleichmäßigkeit eines Gespinstes gelten die bekannten Formeln für die quadratische Streuung s und den Variationskoeffizienten V.

$$s^2 = \frac{1}{N-1} \cdot \sum (G - \bar{G})^2 \tag{1}$$

$$V = \frac{s}{\bar{G}} \cdot 100\% \tag{2}$$

Darin sind:
    G: Gewichtseinzelwerte der Abschnitte
    $\bar{G}$: zugehöriger Mittelwert
    N: Anzahl der Einzelprüfungen (Wägungen)

Das wesentliche Merkmal für die Beurteilung der Faserverteilung ist die Schwankung der Einzelwerte der Anteile x_a und x_b der Mischungskomponenten a und b in den untersuchten Abschnitten des Gespinstes.

$$x_a = \frac{G_1}{\bar{G}}; \quad x_b = \frac{G_2}{\bar{G}}; \quad G_1 + G_2 = G \tag{3}$$

Da sich x_a und x_b stets zu 1 ergänzen, sind ihre Standardabweichungen einander gleich.

$$s_a^2 = s_b^2 = \frac{1}{N-1} \cdot \sum (x_a - \bar{x}_a)^2 = \frac{1}{N-1} \cdot \sum (x_b - \bar{x}_b)^2 \tag{4}$$

Nur die Variationskoeffizienten sind umgekehrt proportional zu den Mittelwerten der Gewichtsanteile verschieden.

$$V_a = \frac{s_a}{\bar{x}_a} \cdot 100\%; \quad V_b = \frac{s_b}{\bar{x}_b} \cdot 100\% \tag{5}$$

Darin sind:

　　G_1 und G_2: Einzelgewichte der Mischungskomponenten a und b
　　$\bar{x}_a$ und $\bar{x}_b$: Mittelwerte der Gewichtsanteile x_a bzw. x_b

Eine weitere Möglichkeit, die Gleichmäßigkeit der Fasermischung zu beurteilen, gibt die Untersuchung bestehender Beziehungen zwischen den Einzelgewichten G_1 und G_2 der Fasern a und b in den Gespinstabschnitten oder zwischen G_1 bzw. G_2 und dem Gesamtgewicht G der Abschnitte. Herangezogen wurden die für das Verhältnis G_1 zu G_2 bzw. G errechneten Korrelationskoeffizienten

$$r_{G_1 G_2} = \frac{\sum (G_1 - \bar{G}_1) \cdot (G_2 - \bar{G}_2)}{\sqrt{\sum (G_1 - \bar{G}_1)^2 \cdot \sum (G_2 - \bar{G}_2)^2}} \qquad (6)$$

$$r_{G_1 G} = \frac{\sum (G_1 - \bar{G}_1) \cdot (G - \bar{G})}{\sqrt{\sum (G_1 - \bar{G}_1)^2 \cdot \sum (G - \bar{G})^2}} \qquad (7)$$

Die Streuung der Einzelgewichte G_1 und G_2 ergibt ein Bild für die Beteiligung der Mischungskomponenten a und b an der Ungleichmäßigkeit der Faserverteilung im Mischgespinst. Dabei können die beiden Komponenten a und b – wie bei einem Zwirn – als selbständige Gespinste behandelt und für sie getrennte Streuungsgleichungen aufgestellt werden:

$$\left. \begin{aligned} s_1^2 &= \frac{1}{N-1} \cdot \sum (G_1 - \bar{G}_1)^2 \\ s_2^2 &= \frac{1}{N-1} \cdot \sum (G_2 - \bar{G}_2)^2 \end{aligned} \right\} \qquad (8)$$

$$V_1 = \frac{s_1}{\bar{G}_1} \cdot 100\%; \quad V_2 = \frac{s_2}{\bar{G}_2} \cdot 100\% \qquad (9)$$

Darin sind:

　　G_1 und G_2: Einzelgewichte der Mischungskomponenten a und b
　　$\bar{G}_1$ und $\bar{G}_2$: die zugehörigen Mittelwerte
　　s_1 und s_2: Standardabweichungen der als getrennte Gespinste betrachteten
　　　　　　　　　Mischungskomponenten a und b
　　V_1 und V_2: die zugehörigen Variationskoeffizienten

Bei dem Vergleich der Variationskoeffizienten V_1 und V_2 ist die gegebenenfalls vorhandene Ungleichheit der Fasern a und b in bezug auf ihre Feinheit und Länge zu berücksichtigen, die die Massestreuung beeinflußt. Dies geschieht, indem nach bekannten Gesetzen der mathematischen Statistik (Martindale) unter Einbeziehung der Fasereigenschaften (Feinheit, Stapel) die für reine Zufallsverteilung geltende Grenzungsgleichmäßigkeit, d. h. bestenfalls einhaltbare Ungleichmäßigkeit, errechnet wird.

$$V_{id} = c \cdot \sqrt{\frac{Nm_{Gesp}}{Nm_{Faser}}} \cdot \sqrt{1 - \frac{L}{3\,l_h}} \qquad (10)$$

Darin sind:

- c: Konstante (von SPENCER-SMITH für Flachs mit 130 angegeben)
- Nm_{Gesp}: metr. Nummer der als Einzelgarne betrachteten Mischungskomponenten
- Nm_{Faser}: metr. Nummer der Faser in den Mischungskomponenten
- l_h: Häufigkeitsstapel des Fasermaterials
- L: Länge der Prüfabschnitte

Die derart errechneten Grenzungleichmäßigkeiten $V_{1\,id}$ und $V_{2\,id}$ werden zu den tatsächlich festgestellten ins Verhältnis gesetzt. Die sich daraus ergebenden sogenannten K-Faktoren

$$K_1 = \frac{V_1}{V_{1\,id}} \; ; \quad K_2 = \frac{V_2}{V_{2\,id}} \qquad (11)$$

ermöglichen den Vergleich der Massestreuung der beiden Mischungskomponenten je nach angewandtem Mischverfahren ohne Beeinflussung durch die Ungleichheit der Fasern.

3. Versuchsdurchführung

3.1 Mischverfahren

Wie bereits in Abschnitt 1 ausgeführt, stand zunächst zur Prüfung, ob dem Mischen vor oder nach dem Kardieren der Vorzug zu geben ist. Bei Mischverarbeitung von Wergen mit einander ähnlichen Eigenschaften wird im allgemeinen dem gemeinsamen Kardieren der Vorzug gegeben, da bei richtiger Kardeneinstellung für keine der Komponenten nachteilige Auswirkungen, wie z. B. Faserkürzungen bei zu intensiver oder ungenügende Reinigung bei zu schwacher Bearbeitung, eintreten können. Hingegen wird sinngemäß bei Verarbeitung unterschiedlicher Werge das Mischen nach dem Kardieren, nämlich – besonders bei zwischengeschaltetem Kämmen – auf der ersten Strecke des Systems, vielfach vorgezogen.

Für die Zusammenstellung der Mischungen vor dem Kardieren werden in der Flachswergspinnerei verschiedene Methoden angewandt. Das gebräuchlichste Verfahren ist das Mischen »im Bett«. Dabei werden die einzelnen Wergsorten in dünnen horizontalen Schichten zu einem Stapel, Mischbett genannt, übereinandergelegt. Das Abbauen des Stapels erfolgt von einer Seite her in senkrechter Richtung, so daß beim Abnehmen aus dem Bett eine gleichmäßige Verteilung der Sorten in dem der Karde vorgelegten Material erreicht wird.

Sind nur zwei bis drei Sorten für eine Mischung vorgesehen, wird das Mischen gelegentlich auch beim Beschicken des Kardenspeisers vorgenommen, wobei gewisse Kontrollmaßnahmen, z. B. Wiegen der in der Zeiteinheit aufzulegenden Sorten, zur Gleichmäßigkeit der Verteilung beitragen können.

Das Mischen von Hand durch Auflegen auf das Zuführtuch zur Karde hat an Bedeutung verloren, da die Handauflage fast ausnahmslos durch automatische Kardenspeisung ersetzt worden ist.

Um die Wirksamkeit dieser angewandten Verfahren auf die erreichbare Gleichmäßigkeit der Mischung zu prüfen, wurden in die Untersuchungen einbezogen[1]:

a) Mischen im Bett
b) Mischen von Hand
   1. Auflagefläche 300×600 mm
   2. Auflagefläche 300×1200 mm

   Das 1800 mm breite Zuführtuch zur Karde wurde in sechs Bahnen aufgeteilt, auf die abwechselnd nebeneinander die beiden Wergsorten[2] aufgelegt wurden.

---

[1] Die Handauflage blieb trotz ihrer praktischen Bedeutungslosigkeit im Versuchsprogramm, da sie in der zur Anwendung gekommenen Art eine Dopplung der Mischungskomponenten mit sich bringt, die gegebenenfalls durch zweckentsprechende Maßnahmen bei Mischung im Kardenspeiser erreicht werden kann.

[2] Siehe Abschnitt 3.2.

Die einzelnen Bahnen waren in Abständen von 600 bzw. 1200 mm durch Markierungen quer zur Laufrichtung des Tuches in Rechtecke aufgegliedert. Das Beschicken der Rechtecke erfolgte mit derart abgewogenen Mengen, daß sich die gewünschte Auflagestärke ergab.

c) Mischen im Kardenspeiser
d) Mischen im Band

3.2 Versuchsmaterial

Die beschriebenen Mischungsversuche wurden jeweils mit zwei Wergsorten ausgeführt, von denen eine, wie in Abschnitt 2.1 beschrieben, rot angefärbt wurde.

Um überprüfen zu können, inwieweit die vorherrschenden Ansichten über zweckmäßige Mischungsverfahren für praktisch gleiche und unterschiedliche Wergsorten zutreffen, wurden für eine Versuchsreihe das gleiche Ausgangsmaterial, roh und angefärbt, für eine zweite Serie zwei grundlegend verschiedenartige Wergsorten verwendet. Als gleiche Faser in rohem und gefärbtem Zustand wurde Hechelwerg Sorte Ralo 6 eingesetzt. Als Kontrast wurde eine Mischung aus einem groben Schwingwerg belgischer Wasserröste mit gefärbtem Ralo 6 zusammengestellt. In allen Fällen war das Mischungsverhältnis 50:50%.

Im ersteren Falle wurden sämtliche in Abschnitt 3.1 erwähnten fünf Mischverfahren angewandt, im letzteren Falle wurde nur im Mischbett, von Hand und im Band gemischt.

3.3 Spinnplan

Die Verarbeitung der verschieden vorbereiteten Mischungen erfolgte mit gleichbleibenden Maschineneinstellungen, die dem praktischen Betrieb angeglichen wurden.
Die verwendete Karde, Bauart Mackie, hatte eine Benadelung von 36 Nadeln je Quadratzoll. Der Kardenverzug war 16,8, der Streckkopfverzug 1,83 entsprechend einem Gesamtverzug von 30,8. Die Abliefergeschwindigkeit betrug 30 m/min.

Hier sei eingefügt, daß die Kontrolle der Kardenausbeute eine Möglichkeit zur Überprüfung evtl. Schädigungen der Fasern durch das Anfärben (Markieren) ermöglichte. Es wurden folgende Ausbeuten als Durchschnitt aller Einzelversuche festgestellt:

Ralo 6 – roh   85,0%
Ralo 6 – gefärbt   85,2%
Ralo 6 – roh + gefärbt   84,5%

Das Fehlen statistisch gesicherter Unterschiede kann als ein Beweis dafür angesehen werden, daß durch das Anfärben eine wesentliche Veränderung der Faser nicht eingetreten ist.
Die Mischungen wurden in allen Fällen lt. Spinnplan in Tab. 1 bis zum Vorgarn ausgesponnen.

Tab. 1 Spinnplan für Flachswerggarn Nm 12 (92 tex) und einen Feinspinnverzug von 5,6

Ansatzband: 11,5 kg/1000 m	1. Str.	2. Str.	3. Str.	Vorsp.
Verzug	6	6	5	6
Dopplungen	6	4	2	–
Bandgewicht [g/1000 m] im Streckzylinder-Konduktor an der Ablieferung	1 910 11 460	1 910 7 650	1 530 3 060	510 510
Konduktorbreite [cm]	5,0	5,0	4,0	1,25
Konduktorbelastung [g/1000 m/1 cm]	380	380	380	410

Eine Weiterverarbeitung über das Vorgarn hinaus erwies sich zur Bestimmung der Faserverteilung als zwecklos, weil durch Ausbluten der Markierung beim Naßspinnen die exakte Bestimmung der Mischungsanteile fraglich war.

3.4 Prüfung

Das Prüfmaterial wurde den Vorgarnen je Versuchsfall wie folgt entnommen: Aus einer Gesamtlänge von 1000 m wurden wahllos verteilt zehn Stücke zu je 15 cm Länge herausgegriffen und ihrerseits in zehn Abschnitte von je 1,5 cm Länge zerschnitten. Es lagen somit für die Auswertung 100 kurze Vorgarnabschnitte je Versuchsfall vor[3]. Das Sortieren der Fasern erfolgte aus den 1,5-cm-Stücken unter der Lupe von Hand[4]. Die Einzelgewichte der beiden Mischungskomponenten wurden getrennt durch Wägung festgestellt.
Aus den Gewichten der Abschnitte von 1,5 cm Länge wurden die Gewichtsstreuungen des Vorgarns und der Mischungskomponenten sowie die Streuungen der prozentualen Mischungsanteile errechnet und der Auswertung nach Abschnitt 2.2 zugrunde gelegt. Zu dieser [Gl. (10)] gehört auch die Kenntnis der Häufig-

---

[3] Die Vorgarne wurden elektrokapazitiv auf dem Prüfgerät »Textronograph« auf ihre Massestreuungen innerhalb von 1000 m Länge untersucht. Die dabei aus rd. 8000 Meßimpulsen erhaltenen Variationskoeffizienten stimmen mit den nach dem Schneide-Wiege-Verfahren bestimmten genügend überein, um den gewählten Stichprobenumfang von jeweils 100 gewogenen Abschnitten ausreichend erscheinen zu lassen.
[4] Andere Trennungsmethoden sind für Bastfasern nicht anwendbar.

keitsstapel der verwendeten Fasersorten. Sie wurden mit dem mechanischen Stapelziehgerät von SCHLUMBERGER ermittelt.

Im Rahmen der hier behandelten Untersuchungen wurde das genannte mechanische Gerät dahingehend überprüft, ob sich nicht durch die mechanische Arbeitsweise zusätzliche Aufteilungen und Kürzungen der Fasern ergeben, die das Stapelbild verfälschen.

Allerdings war dabei zu berücksichtigen, daß auch der sonst für Bastfasern übliche »Handstapel« eine Fehlerquelle in sich birgt, weil ein Teil der kürzesten Fasern (Fasersplitter) nicht erfaßt wird.

Diese beiden divergierenden Tendenzen sind tatsächlich vorhanden, wie Vergleiche zwischen Stapelbildern zeigten, die von Hand und mechanisch aus gewogenen Bandabschnitten gleichen Materials erhalten wurden. Dabei wurde das folgende Verhältnis für die mittlere Länge des Häufigkeits- bzw. Gewichtsstapels gefunden:

$$l_{h\,mech} = 0{,}86\, l_{h\,hand}$$

und

$$l_{g\,mech} = 0{,}89\, l_{g\,hand}$$

4. Versuchsergebnisse

4.1 Vorgarne

Entsprechend der Zahl der untersuchten Mischverfahren (Abschnitt 3.2) lagen aus Versuchsreihe 1 (Ralo gef. + Ralo roh) fünf, aus Reihe 2 (Ralo gef. + Schwingwerg) drei Vorgarne zur Prüfung vor.

In Tab. 2 sind Mittelwerte $\bar{G}$ und Variationskoeffizienten V [nach Formel (2)] der Vorgarngewichte in mg/1,5 cm bzw. %, errechnet aus je 100 Abschnitten, mit ihren Vertrauensbereichen f bzw. q enthalten.

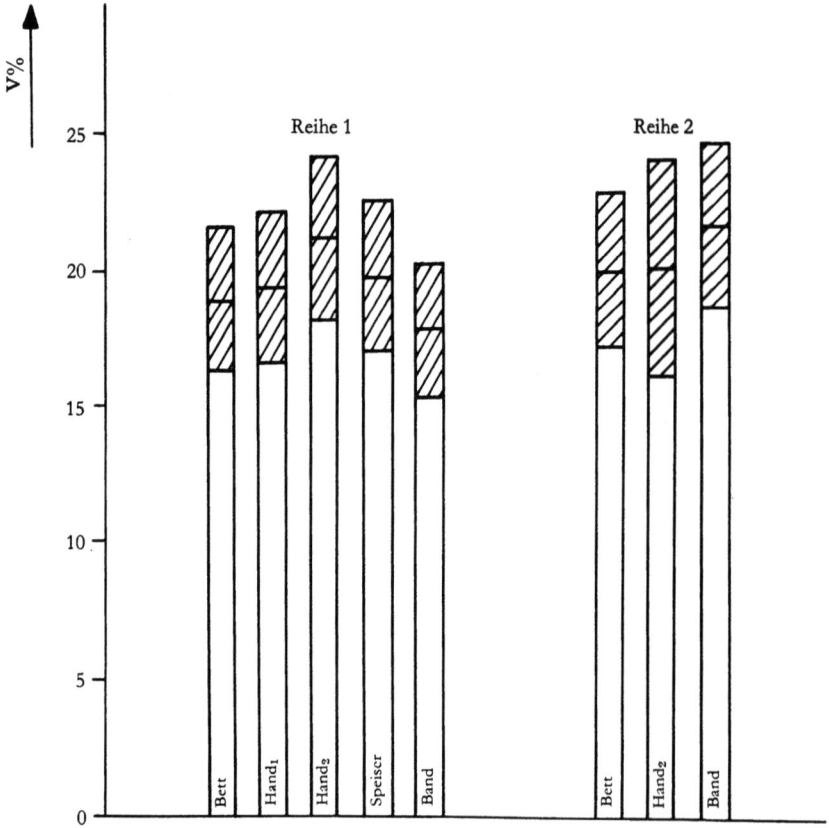

Abb. 1 Wergmischungen
Variationskoeffizienten der Vorgarne

Betrachtet man zunächst Reihe 1 und Reihe 2 getrennt, dann ist festzustellen, daß selbst bei den extremsten Schwankungen innerhalb der Variationskoeffizienten keine echten und gesicherten Unterschiede bestehen, daß sich also ein Einfluß des Mischverfahrens auf die Gleichmäßigkeit des Vorgarns nicht ergeben hat. Die Vertrauensgrenzen des niedrigsten Variationskoeffizienten (17,8%) und die des höchsten (21,2%) überschneiden sich deutlich, und die anderen V-Werte liegen dazwischen.

Bei Reihe 2 liegen die Variationskoeffizienten der Massestreuung in noch engeren Grenzen, und die Überschneidungen der Vertrauensbereiche treten noch deutlicher in Erscheinung.

Die Abb. 1, in die für Reihe 1 und Reihe 2 die in der Tab. 2 enthaltenen Werte der Variationskoeffizienten eingetragen sind, verdeutlicht diese Ergebnisse.

Die Mittelwerte der Variationskoeffizienten von Reihe 1 (18–21%) sind im Durchschnitt niedriger als die der Reihe 2 (20–22%). Gesicherte Unterschiede sind aber nicht festzustellen, weil sich die Vertrauensbereiche auch zwischen den Reihen 1 und 2 erheblich überschneiden. Für die in der Tendenz erkennbaren höheren Zahlen der Variationskoeffizienten bei Reihe 2 dürfte die Zusammensetzung der Faserrohstoffe in der Mischung eine Rolle spielen. Die einheitlichen Fasern der Mischungsanteile in Reihe 1 bedingen gleichmäßigere Masseverteilung im Vorgarn als die weniger gleichen Fasern in Reihe 2.

Als Ergebnis dieser Betrachtungen kann herausgestellt werden, daß nach den vorliegenden Zahlen die Methode der Mischung auf die Gleichmäßigkeit des Vorgarns und damit auch die der Gespinste keinen direkten Einfluß ausübt.

Tab. 2   Gewichte und Variationskoeffizienten der Vorgarne
Schnittlänge 1,5 cm

	$\bar{G}$ [mg]	f [± mg]	V [%]	q [± %]
Reihe 1				
Bett	7,51	0,28	18,9	2,6
Hand$_1$	8,11	0,32	19,4	2,8
Hand$_2$	8,25	0,35	21,2	3,0
Speiser	7,28	0,29	19,8	2,8
Band	8,51	0,31	17,8	2,5
Reihe 2				
Bett	7,45	0,31	20,0	2,8
Hand$_2$	7,08	0,29	20,1	4,0
Band	7,24	0,31	21,7	3,0

4.2 Mischungsanteile

Von entscheidender Bedeutung für die Beurteilung der Mischungsgleichmäßigkeit ist die Analyse der beiden Mischungsanteile x_a und x_b nach Formel (3) in Abschnitt 2.2 hinsichtlich ihrer Schwankung in kurzen Garnlängen.

Da sich x_a und x_b zu 1 ergänzen, sind ihre Variationskoeffizienten V_a und V_b – wie schon erläutert – umgekehrt proportional zu den Mittelwerten $\bar{x}_a$ und $\bar{x}_b$ verschieden. Bei einem im Durchschnitt weitgehend eingehaltenem Mischungsverhältnis 50:50 ergeben sich nur geringe Unterschiede zwischen V_a und V_b. Es genügt somit die Untersuchung eines der Mischungsanteile. Die weiteren Betrachtungen erfolgen an Hand der für x_a (Mischungsanteil an gefärbter Faser) erhaltenen bzw. errechneten Zahlen.

Die Tab. 3 enthält mit den zugehörigen Vertrauensbereichen die Mittelwerte $\bar{x}_a$ und die Variationskoeffizienten V_a [Gl. (5)]. Abb. 2 zeigt die Werte im Säulendiagramm.

Die direkten Zahlen für x_a interessieren wenig. Es geht aus ihnen hervor, daß das Mischungsverhältnis 50:50, wie schon erwähnt, im wesentlichen eingehalten worden ist.

Die Variationskoeffizienten V_a des Anteils an gefärbten Fasern zeigen eine deutliche Abhängigkeit vom angewandten Mischverfahren sowohl bei Reihe 1 als auch im gleichen Sinn bei Reihe 2. Beide Versuchsreihen ergaben für die Vorbereitung der Fasern im Mischbett die niedrigsten Variationskoeffizienten, d. h. die gleichmäßigste Längsverteilung der Fasern. In beiden Reihen folgt darauf in der Höhe des Variationskoeffizienten die Auflage von Hand. Die größten Ungleichmäßigkeiten ergaben sich in beiden Versuchsreihen bei der Mischung im Band. Die in Versuchsreihe 1 ebenfalls geprüfte Mischung im Speiser rangierte in bezug auf die Streuung des Mischungsanteils zwischen Handauflage und Mischung im Band.

Tab. 3 Anteile der Mischungskomponente a und ihre Variationskoeffizienten Schnittlänge 1,5 cm

	$\bar{x}_a$	f [±]	V_a [%]	q [± %]
Reihe 1				
Bett	0,501	0,008	7,95	1,12
Hand$_1$	0,475	0,010	9,77	1,37
Hand$_2$	0,492	0,010	9,80	1,37
Speiser	0,533	0,012	12,1	1,7
Band	0,471	0,014	14,4	2,1
Reihe 2				
Bett	0,504	0,011	11,3	1,6
Hand$_2$	0,540	0,013	12,3	1,7
Band	0,542	0,017	16,2	2,3

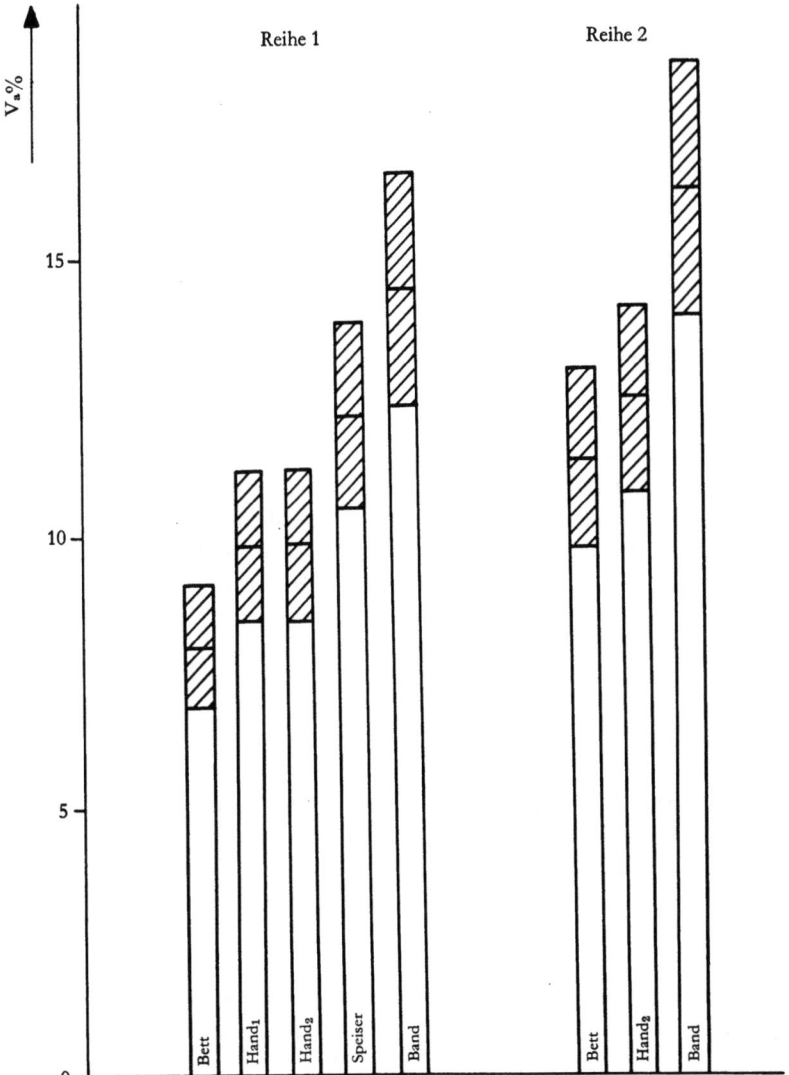

Abb. 2   Wergmischungen
Variationskoeffizienten eines Mischungsanteils

Die Auswertung der erhaltenen Zahlen zeigt, daß die innerhalb der beiden Versuchsreihen, d. h. beim Vergleich der einzelnen Mischverfahren erhaltenen Unterschiede der Variationskoeffizienten V_a in bestimmten Fällen statistisch gesichert sind.

In Reihe 1 ist der niedrige Variationskoeffizient der Mischung im Bett (7,95 ± 1,12%) von den hohen Variationskoeffizienten für die Mischung im Speiser (12,1 ± 1,7%) und der Mischung im Band (14,4 ± 2,1%) durch statistisch echte

Abstände getrennt. Das gleiche gilt für den Vergleich der Handauflage (9,80 ± 1,37%) und der Mischung im Band. Statistisch nicht gesichert sind die Unterschiede der V_a-Werte bei Bettmischung und Handauflage, bei Handauflage und Mischung im Speiser bzw. Speiser- und Bandmischung.

In Reihe 2 sind die Unterschiede der Variationskoeffizienten V_a bei der Arbeit mit Mischbett (11,3 ± 1,6%) bzw. Handauflage (12,4 ± 1,7%) und bei Mischung im Band (16,2 ± 2,3%) statistisch echt, während die Variationskoeffizienten beim Mischen im Bett und bei Handauflage nahe beieinander liegen.

Die Variationskoeffizienten sind bei Reihe 1 (8–14%) niedriger als bei Reihe 2 (11–16%). Hier wirkt sich der Umstand aus, daß im ersteren Falle zwei gleichwertige Fasern (Ralo gef. + Ralo roh) miteinander verarbeitet wurden, während bei Reihe 2 Fasern unterschiedlichen Charakters (Ralo gef. + Schwingwerg) verwendet wurden, woraus sich offenbar höhere Schwankungen der Mischungsanteile ergaben.

Die Streuungsanalyse der Mischungsanteile hat sowohl für die Verarbeitung gleichartiger, stärker noch für die von strukturell unterschiedlichen Bastfasern gezeigt, daß die Mischungsverfahren einen nachweislichen Einfluß auf die Intensität der Mischung haben. Die besten Ergebnisse werden beim Arbeiten mit Mischbett erzielt, das sogar der Auflage gewogener Fasermengen von Hand vorzuziehen ist. Wesentlich schlechter ist die unkontrollierte Mischung im Speiser. Am schlechtesten schneidet die Mischung im Band auf der Strecke ab.

4.3 Korrelationen

Die in Abschnitt 2.2 behandelten Korrelationen der Fasergewichte G_1 und G_2 bzw. eines der Komponentengewichte G_1 und des Gesamtgewichts G innerhalb der untersuchten Vorgarnstücke werden charakterisiert durch die Korrelationskoeffizienten $r_{G_1 G_2}$ und $r_{G_1 G}$ nach Gl. (6) und (7). Die Tab. 4 gibt die errechneten Zahlenwerte wieder.

Tab. 4 Korrelationskoeffizienten der Komponentengewichte

	$r_{G_1 G}$	$r_{G_1 G_2}$
Reihe 1		
Bett	0,96	0,71
Hand$_1$	0,86	0,62
Hand$_2$	0,91	0,59
Speiser	0,84	0,42
Band	0,70	0,23
Reihe 2		
Bett	0,83	0,76
Hand$_2$	0,81	0,43
Band	0,76	0,13

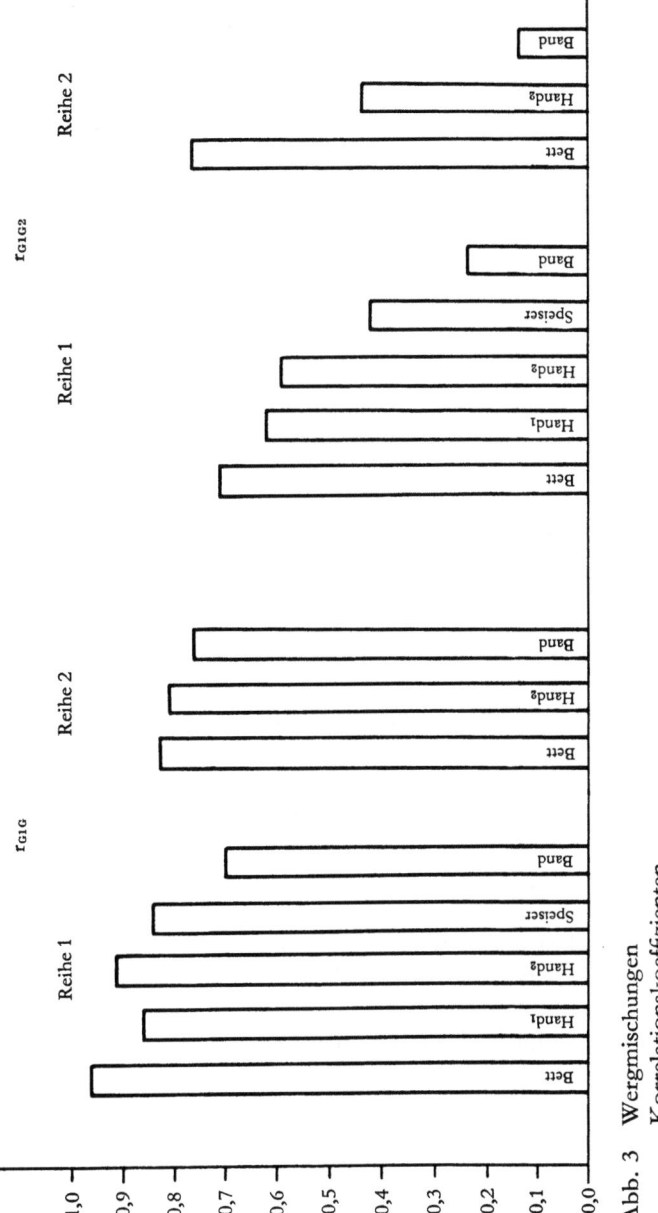

Abb. 3 Wergmischungen Korrelationskoeffizienten

Der Vergleich der Ergebnisse ist immerhin überraschend und zeigt eine straffe Korrelation zwischen G_1 und G in allen Fällen. Demgegenüber ist die Korrelation zwischen G_1 und G_2 nur in einigen Fällen vorhanden, in anderen dagegen zu bezweifeln bzw. zu verneinen. Die Werte für $r_{G_1 G}$ bewegen sich zwischen 0,96 und 0,70 bei Reihe 1 und zwischen 0,84 und 0,76 bei Reihe 2. Die entsprechenden Zahlen für $r_{G_1 G_2}$ lauten 0,71 und 0,23 bzw. 0,76 und 0,13.

Erfreulich deutlich, bis auf eine Ausnahme (Hand$_1$ und Hand$_2$ in Reihe 1), ist die genau unserer Beurteilung nach Abschnitt 4.2 entsprechende Reihenfolge der Korrelationskoeffizienten selbst dort, wo von einer sicheren Korrelation nicht mehr gesprochen werden kann.

Die Abb. 3 zeigt die Abstufung deutlich. Die Analyse der Abhängigkeit zwischen den Komponentengewichten bzw. dem Gewicht einer Komponente mit dem Gesamtgewicht in den Abschnitten der untersuchten Vorgarne bestätigt deutlich die gefundene Güteordnung: Bett, Hand, Speiser, Band für das Mischen von Flachswergen.

Das Auftreten z. T. beachtenswert hoher Korrelationskoeffizienten kann angesichts der vorauszusetzenden Zufallsverteilung der Fasern überraschend erscheinen. Es ist deshalb notwendig einschränkend darauf hinzuweisen, daß sich die Ausführungen in diesem Berichtsabschnitt auf Mischungen relativ gleichartiger Fasern bei den in der Wergspinnerei niedrigen Dopplungszahlen handelt (s. Spinnplan, S. 14).

4.4 Vorgarnkomponenten

Nach Abschnitt 2.2 können die beiden Mischungskomponenten des Vorgarnes als getrennte Gespinste analysiert werden. Die Bewertung ihrer Gewichtsschwankungen gibt die Möglichkeit zur Beurteilung, welche der beiden Komponenten den stärkeren bzw. schwächeren Anteil an der Ungleichmäßigkeit der Faserverteilung im Vorgarn hat.

Die Tab. 5 enthält für die gefärbten (a) und rohen Fasern (b) neben den Gewichtsmittelwerten $\bar{G}_1$ und $\bar{G}_2$ die Variationskoeffizienten V_1 und V_2 nach Gl. (9) sowie ihre Vertrauensbereiche f und q. Weiterhin enthalten sind die Grenzungleichmäßigkeiten V_{1id} und V_{2id} nach Gl. (10) sowie die zugehörigen Faktoren K_1 und K_2 nach Gl. (11), ebenfalls mit Vertrauensbereichen w. Variationskoeffizienten und K-Faktoren sind in Abb. 4 als Säulen eingetragen.

Zunächst ist festzustellen, daß sich in bezug auf den Einfluß des Mischverfahrens auf die Höhe der Variationskoeffizienten der Tendenz nach die gleiche Aussage ergibt, wie sie in Abschnitt 4.2 nach der Untersuchung der Mischungsanteilschwankungen zu machen war. In erster Linie interessiert uns aber an dieser Stelle, wie bereits erwähnt, der Größenunterschied zwischen V_1 und V_2 bzw. K_1 und K_2.

In Reihe 1, also bei Verarbeitung gleichartiger Fasern, bestehen nennenswerte Unterschiede weder zwischen V_1 (21–25%, ⌀ 22,7%) und V_2 (19–26%,

Tab. 5 Gewichte, Variationskoeffizienten und K-Werte der Mischungskomponenten a und b
Schnittlänge 1,5 cm

	$\bar{G}_1$ [mg]	f [±mg]	V_1 [%]	q [±%]	V_{1id} [%]	K_1	w [±]	$\bar{G}_2$ [mg]	f [±mg]	V_2 [%]	q [±%]	V_{2id} [%]	K_2	w [±]
			gefärbtes Ralowerg							rohes Ralowerg				
Reihe 1														
Bett	3,77	0,17	22,7	3,2	13,0	1,74	0,25	3,65	0,14	18,9	2,6	13,1	1,44	0,20
Hand$_1$	3,88	0,17	20,9	3,0	12,8	1,63	0,23	4,12	0,19	22,3	3,2	12,3	1,81	0,26
Hand$_2$	4,07	0,20	22,0	3,1	12,5	1,76	0,25	4,16	0,17	20,4	2,9	12,3	1,66	0,24
Speiser	3,83	0,18	23,1	3,2	12,8	1,79	0,25	3,31	0,17	25,9	3,6	13,7	1,89	0,26
Band	4,07	0,20	24,6	3,5	12,5	1,97	0,28	4,39	0,19	21,4	3,0	12,0	1,78	0,25
			gefärbtes Ralowerg							rohes Schwingwerg				
Reihe 2														
Bett	3,83	0,16	21,1	2,9	13,0	1,62	0,22	3,73	0,19	25,2	3,5	12,8	1,97	0,27
Hand$_2$	3,77	0,19	25,1	3,5	13,0	1,96	0,27	3,19	0,18	27,8	3,9	13,9	2,00	0,29
Band	3,90	0,21	27,2	3,8	12,8	2,12	0,30	3,23	0,20	31,8	4,5	13,8	2,31	0,33

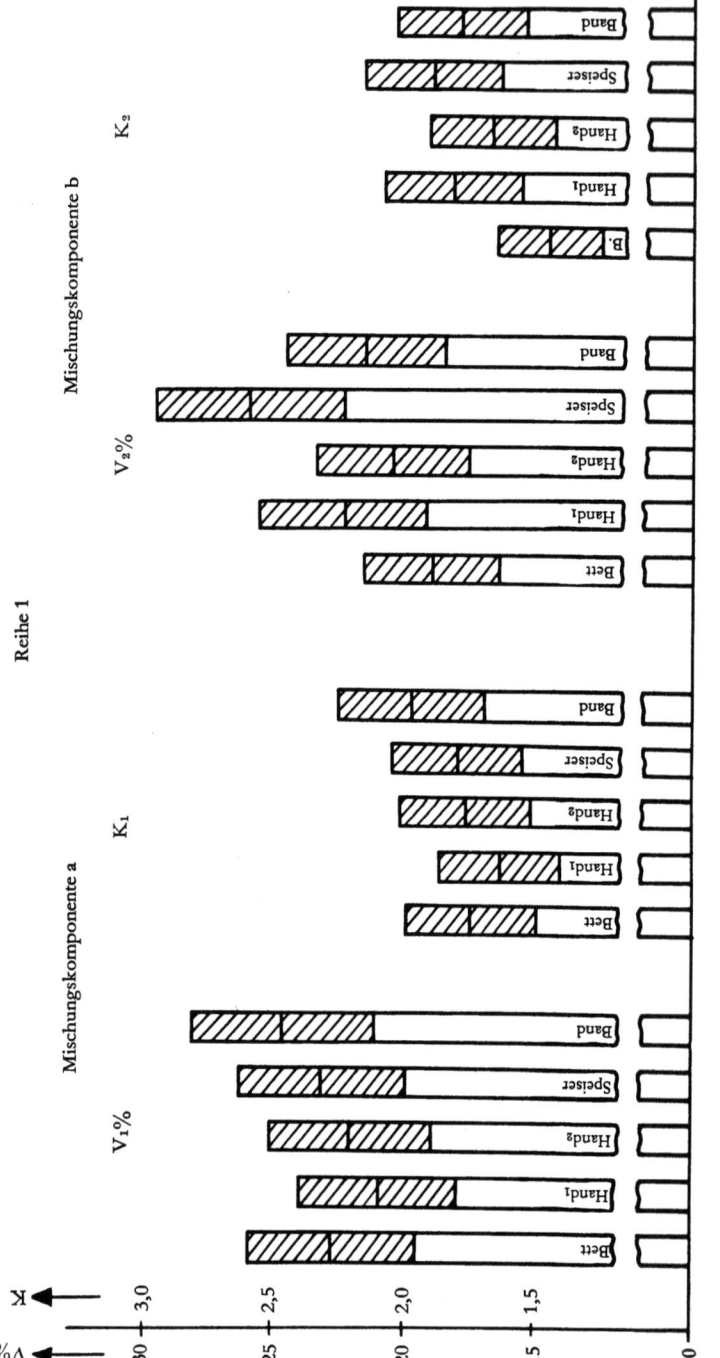

Abb. 4a Wergmischungen
Variationskoeffizienten und K-Werte der Mischungskomponenten a und b

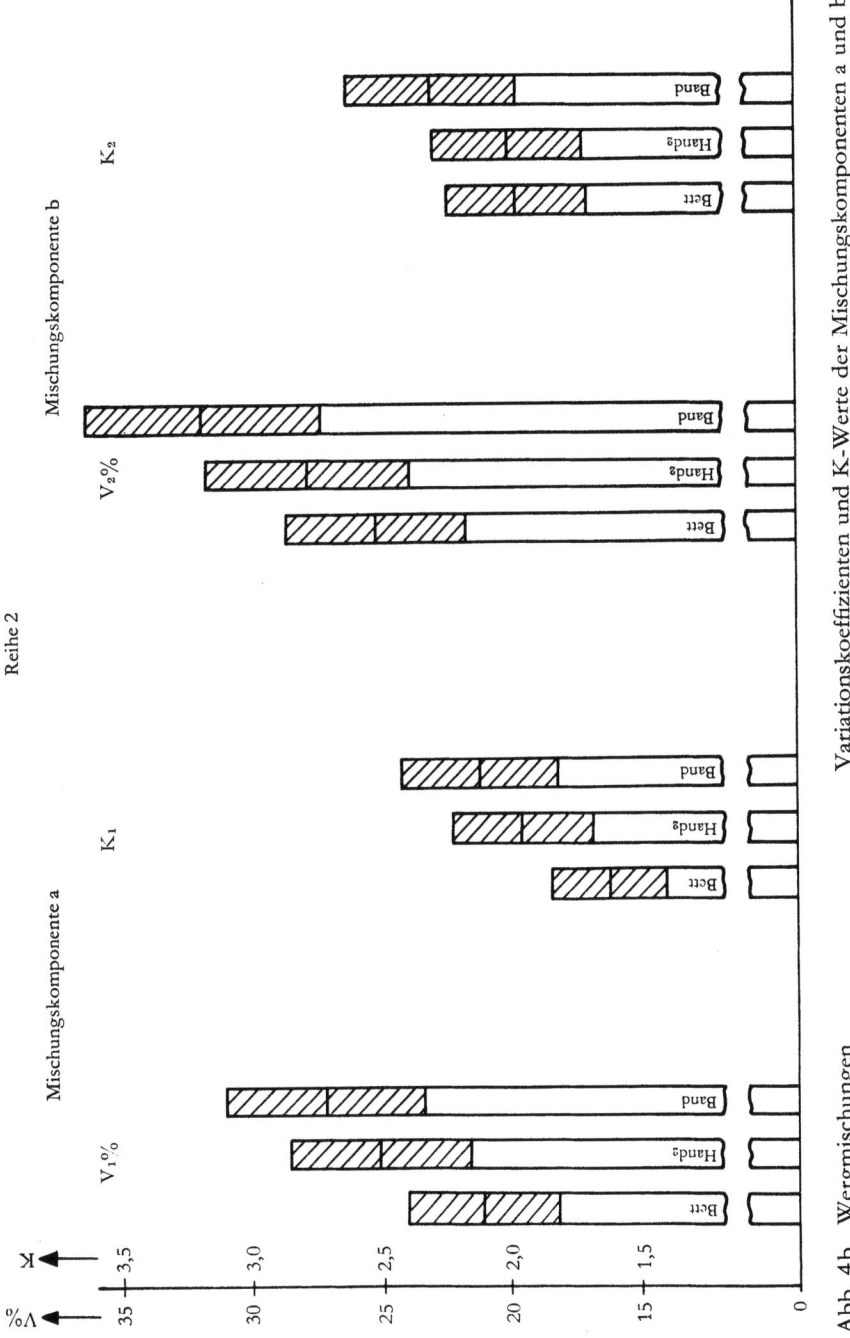

Abb. 4b Wergmischungen

$\varnothing$ 21,8%) noch zwischen K_1 (1,6–2,0, $\varnothing$ 1,78) und K_2 (1,4–1,9, $\varnothing$ 1,72). Anders bei Reihe 2, d. h. bei Verarbeitung unterschiedlicher Fasern. Hier sind Unterschiede vorhanden. V_1 (21–27%, $\varnothing$ 24,5%) und K_1 (1,6–2,1, $\varnothing$ 1,9) haben niedrigere Zahlenwerte als V_2 (25–32%, $\varnothing$ 28,3%) und K_2 (2,0–2,3, $\varnothing$ 2,09).

Es zeigt sich mithin, daß nicht nur, wie schon anderweitig gezeigt, bei der Verarbeitung ungleichmäßiger Fasern (Reihe 2) die höheren Ungleichmäßigkeiten auftreten, sondern darüber hinaus innerhalb der Reihe 2 mit ungleichen Mischungskomponenten Variationskoeffizienten und K-Faktoren der gröberen Fasersorte erwartungsgemäß höher sind, d. h. also, daß diese Fasersorten den größeren Beitrag zur Ungleichmäßigkeit des untersuchten Vorgarns leisten. Daß dabei die Unterschiede zwischen V_1 und V_2 stärker in Erscheinung treten als die zwischen K_1 und K_2, ist verständlich, da in den K-Faktoren durch Einbeziehung der Grenzungleichmäßigkeit V_{1d} der strukturelle Unterschied der Fasern Berücksichtigung gefunden hat. Dennoch bleibt der Einfluß auch auf die Verarbeitungsgüte, d. h. auf das Verhältnis zwischen tatsächlicher und mindesterreichbarer Ungleichmäßigkeit der Faserverteilung vorhanden.

5. Zusammenfassung

Zwecks Bestimmung des in bezug auf die Faserverteilung in Längsrichtung des Gespinstes günstigsten Mischverfahrens in der Flachswergspinnerei wurden Untersuchungen vorgenommen, in die das Mischen im Mischbett, das Auflegen abgewogener Fasermengen auf das Speisetuch der Karde, das Mischen im Kardenspeiser und das Mischen durch Zusammenlegen der Bänder auf der Strecke einbezogen wurden.

Da die Trennung der lediglich in ihrer Stärke und gegebenenfalls Länge unterschiedlichen Bastfasern ohne besondere Vorkehrungen nicht möglich ist, war eine vorausgehende Markierung einer der Mischungskomponenten erforderlich, die aber eine Strukturveränderung der Fasern nicht hervorrufen durfte. Als eine solche erwies sich eine schonende substantive Färbung mit nachfolgender vorsichtiger Trocknung. Es wurde mit Mischungen aus jeweils 50% gefärbtem Ralowerg und 50% rohem Ralowerg (Reihe 1) bzw. 50% rohem Schwingwerg (Reihe 2) gearbeitet. So stand einmal die Mischung von zwei gleichen, das andere Mal eine solche von zwei verschiedenen Fasern zur Verfügung.

Da ein Auszählen der Fasern in Gespinstquerschnitten bei technischen Bastfasern Schwierigkeiten bereitet, wurde die Bestimmung der Faserverteilung durch Aussortieren und Wiegen der Mischungskomponenten in kurzen Abschnitten der aus den Mischungen gesponnenen Vorgarne vorgenommen. Die Ergebnisse der Untersuchungen wurden statistisch ausgewertet und dabei folgende Resultate erzielt.

Die Massestreuung des Vorgarns, d. h. seine Gleichmäßigkeit, steht mit dem Mischverfahren nicht in Zusammenhang. Wird die Streuung der prozentualen bzw. relativen Gewichtsanteile der Mischungskomponenten als charakteristisch für die Faserverteilung angesehen, so ergibt sich eine klare Bewertungsskala für die Mischungsgüte wie folgt: Mischbett, Handauflage, Speiser, Band. Das gleiche Ergebnis erbringt ein Vergleich der Korrelationen zwischen dem Gewicht der Einzelkomponenten und dem Gesamtgewicht der Abschnitte bzw. den Mischungskomponenten untereinander. Die gröbere Mischungskomponente hat den größeren Anteil an der Ungleichmäßigkeit der Faserverteilung. Die Gleichmäßigkeit der Faserverteilung ist bei gleichen Fasern besser als bei verschiedenen, ohne daß durch die Beschaffenheit der Fasern die Bewertung bzw. Einstufung der Mischverfahren in bezug auf die erzielbare Mischungsgleichmäßigkeit verändert wird.

Für die Beratung bei der statistischen Auswertung der Zahlenergebnisse danken wir den Herren Dr. H.-J. Henning im Deutschen Wollforschungsinstitut an der Technischen Hochschule Aachen und Dr.-Ing. E. Kirschner in der Studiengesellschaft für Chemiefaserverarbeitung mbH, Denkendorf, aufrichtig. Die überaus umfangreiche internationale Literatur über die Analyse der Faserverteilung ist in der Veröffentlichung des letztgenannten Forschers »Die Faserverteilung in Mischgarnen« enthalten.

Die Arbeit wurde unter Ausnutzung eines Forschungszuschusses des Herrn Ministerpräsidenten des Landes Nordrhein-Westfalen – Landesamt für Forschung – durchgeführt, für den an dieser Stelle gedankt sei.

Dipl.-Ing. WALDEMAR ROHS
Dipl.-Ing. RUDOLF OTTO

Bielefeld, im April 1963

FORSCHUNGSBERICHTE
DES LANDES NORDRHEIN-WESTFALEN

Herausgegeben im Auftrage des Ministerpräsidenten Dr. Franz Meyers
von Staatssekretär Prof. Dr. h. c. Dr.-Ing. E. h. Leo Brandt

Textilforschung

Gliederungsübersicht

Allgemeines, Textilphysik, Textilchemie, Textilrohstoffe

Raumklima in Textilindustriebetrieben; insbesondere elektrostatische Raumluftaufladung und relative Luftfeuchtigkeit

Spinnereivorbereitung (Verfahren und Maschinen)

Spinnerei und Zwirnerei (Verfahren und Maschinen)

Nachbehandlung von Garnen und Zwirnen

Beurteilung fertiger Garne und Zwirne nach Herstellungsverfahren und Eigenschaften

Webereivorbereitung (Verfahren und Maschinen)

Weberei (Verfahren und Maschinen)

Beurteilung von Geweben und anderen textilen Flächengebilden nach Herstellungsverfahren und Eigenschaften

Textilveredlung (Bleichen, Färben, Drucken, Ausrüsten)

Arbeitsvorgänge und Maschinen in der Bekleidungsindustrie

Gebrauchsfragen einschließlich Wäscherei und Chemischreinigung

Textilprüfverfahren, Textilprüfgeräte

Betriebswirtschaftliche Untersuchungen auf dem Textilgebiet

Volkswirtschaftliche Untersuchungen auf dem Textilgebiet

Allgemeines, Textilphysik, Textilchemie, Textilrohstoffe

HEFT 34
Prof. Dr. rer. nat. Wilhelm Weltzien, Krefeld
Quellungs- und Entquellungsvorgänge bei Faserstoffen
1953, 52 Seiten, 13 Abb., 13 Tabellen, DM 9,80

HEFT 35
Prof. Dr. phil. nat. Wilhelm Kast, Krefeld
Röntgenographische Feinstrukturuntersuchungen an künstlichen Zellulosefasern verschiedener Herstellungsverfahren.
Teil I: Der Orientierungszustand
1953, 74 Seiten, 30 Abb., 7 Tabellen, DM 13,80

HEFT 64
*Prof. Dr. rer. nat. Wilhelm Weltzien
und Dr. rer. nat. habil. Johannes Juilfs, Krefeld*
Die Kettenlängenverteilung von hochpolymeren Faserstoffen
Über die fraktionierte Fällung von Polyamiden (I)
1954, 44 Seiten, 13 Abb., DM 8,60

HEFT 93
Prof. Dr. phil. nat. Wilhelm Kast, Krefeld
Spinnversuche zur Strukturerfassung künstlicher Zellulosefasern
1954, 82 Seiten, 39 Abb., 6 Tabellen, DM 16,—

HEFT 173
*Prof. Dr. phil. nat. Rolf Hosemann und
Dipl.-Phys. Günter Schoknecht, Berlin, vorgelegt von
Prof. Dr. phil. nat. Wilhelm Kast, Krefeld*
Lichtoptische Herstellung und Diskussion der Faltungsquadrate parakristalliner Gitter
1956, 108 Seiten, 63 Abb., 6 Tabellen, DM 24,70

HEFT 260
*Prof. Dr. phil. nat. Herbert A. Stuart und Dipl.-Phys. Heinz Gerhard Fendler, Hannover, vorgelegt durch
Prof. Dr. phil. nat. Wilhelm Kast, Freiburg (Breisgau)*
Lichtzerstreuungsmessungen an Lösungen hochpolymerer Stoffe
1956, 70 Seiten, 20 Abb., 5 Tabellen, DM 15,60

HEFT 261
Prof. Dr. phil. nat. Wilhelm Kast, Freiburg (Br.)
Röntgenographische Feinstrukturuntersuchungen an künstlichen Zellulosefasern verschiedener Herstellungsverfahren.
Teil II: Der Kristallisationszustand
1956, 80 Seiten, 27 Abb., 11 Tabellen, DM 17,20

HEFT 301
*Prof. Dr. rer. nat. Wilhelm Weltzien,
Dr. rer. nat. Gerda Cossmann und Peter Diehl, Krefeld*
Über die fraktionierte Fällung von Polyamiden (II)
1956, 54 Seiten, 1 Abb., 16 Tabellen, DM 11,30

HEFT 433
Dr.-Ing. Günther Satlow, Aachen
Über einige physikalische und chemische Eigenschaften der Wolle von der gewaschenen Wolle bis zum Kammzug
1957, 72 Seiten, 15 Abb., 19 Tabellen, DM 15,25

HEFT 614
*Prof. Dr. rer. nat. Wilhelm Weltzien,
Dr. rer. nat. habil. Johannes Juilfs und
Dr. rer. nat. Werner Bubser, Krefeld*
Die Textilforschungsanstalt Krefeld 1920—1958
Ein Bericht zur Einweihung ihres Neubaus Frankenring 2
1958, 78 Seiten, 11 Abb., 5 Baupläne, DM 23,80

HEFT 731
Dr.-Ing. Günther Satlow, Aachen
Hautwolle und Schurwolle. Eine Gegenüberstellung ihrer wichtigsten chemischen und physikalischen Eigenschaften
1959, 96 Seiten, 4 Abb., 31 Tabellen, DM 23,60

HEFT 790
*Prof. Dr. phil. nat. Wilhelm Kast, Freiburg/Breisgau
und Dipl.-Ing. Victor Elsässer, Leverkusen*
Fließvorgänge in der Spinndüse und dem Blaukonus des Cuoxam-Verfahrens
1960, 131 Seiten, 59 Abb., 37 Tabellen, DM 36,50

HEFT 839
Prof. Dr. rer. nat. habil. Johannes Juilfs, Krefeld
Zur Bestimmung der Absolutdichte von Fasern
1960, 24 Seiten, 5 Abb., 3 Tabellen, DM 8,10

HEFT 879
*Dipl.-Chem. Dr. rer. nat. Hans-Günther Fröhlich,
Mönchengladbach*
Einsatz von künstlichen Eiweißfasern in Mischung mit Wolle und Kaninhaar zur Herstellung von Hutfilzen
1960, 42 Seiten, 15 Abb., 10 Tabellen, DM 12,90

HEFT 1084
*Dr.-Ing. Günther Satlow,
Deutsches Wollforschungsinstitut an der Rhein.-Westf.
Technischen Hochschule Aachen*
Charakteristische Eigenschaften von Rohwollen.
1962, 67 Seiten, 15 Abb., 11 Tabellen, DM 33,80

HEFT 1106
*Dr. rer. nat. Werner Bubser und
Dr. rer. nat. Walter Fester,
Textilforschungsanstalt, Krefeld*
Quell- und Lösereaktionen an Polyesterfasern zur Untersuchung von deren Veränderungen und Schädigungen.
1962, 34 Seiten, 14 Abb., 13 Tabellen, DM 16,—

HEFT 1132
*Dr. rer. nat. Werner Bubser und
Dr. rer. nat. Walter Fester,
Textilforschungsanstalt, Krefeld*
Untersuchungen über die Anwendung der Trübungstitration bei Polyamiden.
1962, 33 Seiten, 19 Abb., DM 14,50

HEFT 1154
Dr.-Ing. Günter Blankenburg,
Deutsches Wollforschungsinstitut an der Rhein.-Westf. Technischen Hochschule Aachen
Chemische und physikalische Eigenschaften von unveränderter und veränderter Wolle in Beziehung zum Filzvermögen.
1963, 96 Seiten, 38 Abb., 35 Tabellen, DM 43,80

HEFT 1156
Dr. rer. nat. Hans Hendrix und
Dr. rer. nat. Walter Fester,
Textilforschungsanstalt, Krefeld
Potentiometrische Endgruppenbestimmung an synthetischen Fasern.
Die Bestimmung der sauren Endgruppen an Polyester- und Polyacrylnitrilfasern.
1963, 23 Seiten, 3 Abb., 2 Tabellen, DM 10,70

HEFT 1157
Dr. rer. nat. Walter Fester und
Dr. rer. nat. Hans Hendrix,
Textilforschungsanstalt, Krefeld
Analytische Untersuchungen an Polyacrylnitril- und Polyesterfasern.
1963, 25 Seiten, 5 Abb., 5 Tabellen, DM 10,40

HEFT 1205
Dr. rer. nat. Werner Bubser,
Textilforschungsanstalt, Krefeld
Vergleichende Bestimmungen des Schmelzpunktes an synthetischen Faserstoffen.
1963, 25 Seiten, 5 Abb., 9 Tabellen, DM 11,80

HEFT 1212
Dr. rer. nat. Heimo Pfeifer, Textil-Technisches Institut der Vereinigten Glanzstoff-Fabriken AG und Deutschen Wollforschungsinstitut an der Rhein.-Westf. Technischen Hochschule Aachen
Über den hydrolytischen und aminolytischen Abbau von Polyesterfasern
In Vorbereitung

HEFT 1300
Dr. rer. nat. Werner Bubser, Textilforschungsanstalt Krefeld
Einfluß der Trocknungsbedingungen beim Schlichten auf die technologischen Eigenschaften und die Entschlichtbarkeit bei Chemiefasern auf Zellulosebasis

Raumklima in Textilindustriebetrieben; insbesondere elektrostatische Raumluftaufladung und relative Luftfeuchtigkeit

HEFT 273
Karl H. W. Tacke, Wuppertal-Barmen
Erfahrungen beim Verspinnen von Perlonfasern und bei der Herstellung von Trikotagen aus gesponnenem Perlon
1956, 36 Seiten, DM 7,90

HEFT 897
Prof. Dr.-Ing. Walther Wegener und
Dipl.-Ing. Dieter Quambusch, Aachen
Zusammenhang zwischen dem Raumklima und der elektrostatischen Aufladung des Spinnmaterials
1960, 86 Seiten, 44 Abb., 5 Tabellen, DM 23,90

HEFT 1119
Prof. Dr. Hans Israel, Dozent für Geophysik und Meteorologie an der Rhein.-Westf. Technischen Hochschule Aachen, und Dipl.-Ing. H. Bücker
Raumklimatische Untersuchungen im Zusammenhang mit Spinnereiproblemen unter besonderer Berücksichtigung der elektrischen Eigenschaften klimatisierter Luft.
1963, 193 Seiten, 67 Abb., 15 Tabellen, DM 86,—

Spinnereivorbereitung
(Verfahren und Maschinen)

HEFT 97
Obering. Herbert Stein, Mönchengladbach
Ermittlung der Haft-Gleiteigenschaften von Faserbändern und Vorgarnen
2. Bericht der Reihe: Untersuchungen der Verzugsvorgänge an den Streckwerken verschiedener Spinnereimaschinen
1955, 98 Seiten, 34 Abb., DM 21,—

HEFT 397
Dipl.-Ing. Waldemar Rohs und
Dipl.-Ing. Rudolf Otto, Bielefeld
Ungleichmäßigkeiten in Bändern von Bastfaserkarden, ihre Ursachen und Auswirkungen
1957, 60 Seiten, 16 Abb., 42 Diagramme, DM 14,80

HEFT 435
Dipl.-Ing. Waldemar Rohs und
Dipl.-Ing. Ludwig Steinmetz, Bielefeld
Die Massenungleichmäßigkeit von Flachsstreckenbändern in Abhängigkeit von Verzug und Dopplung *1957, 42 Seiten, 4 Abb., 2 Tabellen, DM 9,90*

HEFT 479
Prof. Dr.-Ing. Walther Wegener, Aachen, und
Dipl.-Ing. Herbert Fourné, Bochum
Ursachen des Überschreitens der Toleranzgrenze nach oben oder unten (Meter pro Gramm) an der Strecke
1957, 60 Seiten, 17 Abb., 3 Tabellen, DM 14,60

HEFT 609
Dipl.-Ing. Waldemar Rohs und
Dipl.-Ing. Ludwig Steinmetz, Bielefeld
Verteilung der Bastfasern im Verzugsfeld einer Nadelabstrecke
1958, 42 Seiten, 10 Abb., 2 Tabellen, DM 13,45

HEFT 732
Dipl.-Ing. Waldemar Rohs und
Dipl.-Ing. Rudolf Otto, Bielefeld
Messung von Verzugskräften in Nadelfeldern von Bastfaserstrecken
1959, 40 Seiten, 9 Abb., 4 Tabellen, DM 11,60

HEFT 818
Prof. Dr.-Ing. Walther Wegener, Aachen
Grundlegende Untersuchungen zur Frage der Spinnavivierung von Rohbaumwolle
1959, 38 Seiten, 20 Abb., 5 Tabellen, DM 10,70

HEFT 846
*Obering. Herbert Stein und
Ing. Martin Eidelsburger, Mönchengladbach*
Untersuchungen an Baumwollkarden zwecks Ermittlung der Fehlerursachen für Dickeschwankungen
1960, 46 Seiten, 23 Abb., DM 14,30

HEFT 847
*Obering. Herbert Stein und
Ing. Martin Eidelsburger, Mönchengladbach*
Untersuchungen über den Ablauf der Arbeitsvorgänge bei Schlagmaschinen in Baumwoll- und Zellwollaufbereitungsanlagen
1960, 54 Seiten, 29 Abb., DM 16,70

HEFT 896
Prof. Dr.-Ing. Walther Wegener, Aachen
Einfluß der höheren Vorgarndrehung geflyerter Lunten auf die Ungleichmäßigkeit und die dynamometrischen Eigenschaften des fertigen Garnes
1960, 32 Seiten, 12 Abb., 3 Tabellen, DM 9,20

Spinnerei und Zwirnerei (Verfahren und Maschinen)

HEFT 13
*Dipl.-Ing. Waldemar Rohs und
Textil-Ing. Gustav Heller, Bielefeld*
Das Naßspinnen von Bastfasergarnen mit chemischen Zusätzen zum Spinnbad
1953, 52 Seiten, 4 Abb., 19 Tabellen, DM 10,—

HEFT 238
Obering. Herbert Stein, Mönchengladbach
Theoretische Betrachtungen über den Einfluß schlagender Zylinder und Druckrollen
3. Bericht der Reihe: Untersuchungen der Verzugsvorgänge an den Streckwerken verschiedener Spinnereimaschinen
1956, 66 Seiten, 21 Abb., DM 14,10

HEFT 340
*Dipl.-Ing. Waldemar Rohs und
Dipl.-Ing. Rudolf Otto, Bielefeld*
Das Naßspinnen von Bastfasergarnen mit Spinnbadzusätzen unter Ausnutzung einer zentralen Spinnwasserversorgungsanlage
1956, 56 Seiten, 2 Abb., 6 Tabellen, DM 11,60

HEFT 378
Obering. Herbert Stein, Mönchengladbach
Beobachtung und meßtechnische Erfassung der Vorgänge im Spinn- und Aufwindefeld von Ringspinn- und Ringzwirnmaschinen
1957, 104 Seiten, 88 Abb., 3 Tabellen, DM 26,90

HEFT 918
Obering. Herbert Stein, Mönchengladbach
Ermittlung des Einflusses verschiedener Streckwerkseinstellungen und der verwendeten Konstruktionsteile auf die Verzugsvorgänge
4. Bericht der Reihe: Untersuchungen der Verzugsvorgänge an den Streckwerken verschiedener Spinnereimaschinen
1960, 44 Seiten, 5 Abb. 13 Tabellen, DM 13,70

HEFT 920
*Dipl.-Ing. Rudolf Otto und
Textil-Ing. Manfred Le Claire*
Fadenspannungen beim Naßringspinnen von Bastfasern in ihrer Abhängigkeit von Fadenführung und Gestaltung von Ring und Läufer
1960, 54 Seiten, 18 Abb., 14 Tabellen, DM 16,40

HEFT 937
*Dipl.-Ing. Waldemar Rohs, Dipl.-Ing. Rudolf Otto und
Textil-Ing. Hugo Griese, Bielefeld*
Trockenspinnverfahren für Leinengarne und Einsatz trocken gesponnener Garne in der Leinenweberei
1960, 56 Seiten, 14 Abb., 14 Tabellen, DM 19,90

HEFT 1166
*Oberingenieur Herbert Stein,
Institut für textile Meßtechnik Mönchengladbach*
Vergleich des Band-Spinnens von Baumwolle und Chemiefasern (ohne Flyerpassage) mit dem klassischen Baumwollspinnverfahren.
1963, 79 Seiten, 35 Abb., DM 36,80

Nachbehandlung von Garnen und Zwirnen

HEFT 20
Dipl.-Ing. Waldemar Rohs, Dr.-Ing. Günther Satlow und Textil-Ing. Gustav Heller, Bielefeld
Trocknung von Leinengarnen I
Vorgang und Einwerkung auf die Garnqualität
1953, 62 Seiten, 18 Abb., 5 Tabellen, DM 12,—

HEFT 21
Dipl.-Ing. Waldemar Rohs, Dr.-Ing. Günther Satlow und Textil-Ing. Gustav Heller, Bielefeld
Trocknung von Leinengarnen II
Spulenanordnung und Luftführung beim Trocknen von Kreuzspulen
1953, 66 Seiten, 22 Abb., 9 Tabellen, DM 13,—

HEFT 79
Dipl.-Ing. Waldemar Rohs, Dr.-Ing. Günther Satlow und Textil-Ing. Gustav Heller, Bielefeld
Trocknung von Leinengarnen III
Spinnspulen- und Spinnkopstrocknung
Vorgang und Einwirkung auf die Garnqualität
1954, 74 Seiten, 18 Abb., 10 Tabellen, DM 14,—

HEFT 172
Dipl.-Ing. Waldemar Rohs, Dr.-Ing. Günther Satlow und Textil-Ing. Gustav Heller, Bielefeld
Trocknung von Hanfgarnen
Kreuzspultrocknung
1955, 60 Seiten, 7 Abb., 4 Tabellen, DM 10,30

HEFT 185
*Dipl.-Ing. Waldemar Rohs und
Textil-Ing. Gustav Heller, Bielefeld*
Studien an einem neuzeitlichen Kreuzspultrockner für Bastfasergarne mit Wiederbefeuchtungszone
1955, 52 Seiten, 9 Abb., 3 Tabellen, DM 10,70

HEFT 442
Dipl.-Ing. Waldemar Rohs, Textil-Ing. Hugo Griese und Textil-Ing. Walter Lauer, Bielefeld
Die Auswirkungen der Trocknungsart naßgesponnener Leinengarne auf deren Verarbeitungswirkungsgrad sowie auf die Festigkeits- und Dehnungseigenschaften der Garne und Gewebe
1957, 28 Seiten, 2 Abb., 3 Tabellen, DM 6,50

Beurteilung fertiger Garne und Zwirne nach Herstellungsverfahren und Eigenschaften

HEFT 196
Dipl.-Ing. Waldemar Rohs und Textil-Ing. Hugo Griese, Bielefeld
Auswirkungen von Garnfehlern bei der Verarbeitung von Leinengarnen
1955, 24 Seiten, 3 Abb., 6 Tabellen, DM 7,80

HEFT 339
Prof. Dr.-Ing. Walther Wegener und Dipl.-Ing. Willi Zahn, Aachen
Vergleich des normalen mit verschiedenen abgekürzten Baumwollspinnverfahren in bezug auf Gleichmäßigkeit und Sortierungsstreuung der Garne
1956, 56 Seiten, 17 Abb., 17 Tabellen, DM 12,70

HEFT 632
Prof. Dr.-Ing. Walther Wegener, Aachen
Aufstellung und Vergleich von Variance-within- und Variance-between-Kurven von Garnen, die nach verschiedenen Spinnverfahren hergestellt werden
1958, 76 Seiten, 35 Abb., DM 19,10

HEFT 699
Oberstudiendirektor Dr.-Ing. Erich Wagner, Wuppertal-Barmen
Studium der Drehungsverhältnisse an Perlon- und Nylongarnen zur Herstellung von Strumpfgewirken
1959, 30 Seiten, 11 Abb., DM 9,20

Webereivorbereitung (Verfahren und Maschinen)

HEFT 9
Dipl.-Ing. Waldemar Rohs und Textil-Ing. Gustav Heller, Bielefeld
Untersuchungen über die zweckmäßige Wicklungsart von Leinengarnkreuzspulen unter Berücksichtigung der Anwendung hoher Geschwindigkeiten des Garnes
Vorversuche für Zetteln und Schären von Leinengarnen auf Hochleistungsmaschinen
1952, 48 Seiten, 7 Abb., 7 Tabellen, DM 9,25

HEFT 19
Dipl.-Ing. Waldemar Rohs und Textil-Ing. Hugo Griese, Bielefeld
Die Auswirkung des Schlichtens von Leinengarnketten auf den Verarbeitungswirkungsgrad sowie die Festigkeit und Dehnungsverhältnisse der Garne und Gewebe
1953, 48 Seiten, 1 Abb., 9 Tabellen, DM 9,—

HEFT 63
Prof. Dr. rer. nat. Wilhelm Weltzien und Dipl.-Chem. Paul Ringel, Krefeld
Neue Methoden zur Untersuchung der Wirkungsweise von Textilhilfsmitteln
Untersuchungen über Schlichtungs- und Entschlichtungsvorgänge
1954, 34 Seiten, 1 Abb., 5 Tabellen, DM 6,80

HEFT 338
Prof. Dr.-Ing. Walther Wegener, Aachen, und Dipl.-Ing. Josef Schneider, Mönchengladbach
Die Bedeutung der Knotenart für die Herabminderung der Fadenbrüche
1956, 40 Seiten, 6 Abb., 17 Tabellen, DM 9,80

HEFT 434
Dipl.-Ing. Waldemar Rohs und Dr. rer. nat. Ingeborg Geurten, Bielefeld
Schlichten für Baumwollgarne
1957, 96 Seiten, 3 Abb., zahlr. Tabellen, DM 23,70

HEFT 654
Obering. Herbert Stein und Textil-Ing. Herbert v. d. Weyden, Mönchengladbach, Dipl.-Ing. Waldemar Rohs und Textil-Ing. Hugo Griese, Bielefeld
Untersuchungen an Spulvorrichtungen in der Leinen- und Halbleinenweberei
1958, 98 Seiten, 29 Abb., 33 Tabellen, DM 23,80

HEFT 885
Dr. rer. nat. Ingeborg Lambrinou-Geurten, Krefeld
Einfluß von Fettzusätzen auf das rheologische Verhalten von Schlichteflotten
1960, 58 Seiten, 18 Abb., 3 Tabellen, DM 16,50

HEFT 917
Obering. Herbert Stein und Ing. Gerhard Hoischen, Mönchengladbach
Ermittlung der Vorgänge beim Benetzen und Trocknen von Fäden unter besonderer Berücksichtigung der Arbeitsweise von Schlichtmaschinen
1960, 78 Seiten, 75 Abb., DM 24,10

Weberei (Verfahren und Maschinen)

HEFT 3
Dipl.-Ing. Waldemar Rohs und Textil-Ing. Hugo Griese, Bielefeld
Untersuchungsarbeiten zur Verbesserung des Leinenwebstuhls I
Anpassung der Streichbaumbewegung an die Schaftbewegung. Ermittlung der günstigsten Streichbaumlage
1952, 44 Seiten, 7 Abb., 3 Tabellen, DM 12,50

HEFT 22
Dipl.-Ing. Waldemar Rohs und
Textil-Ing. Hugo Griese, Bielefeld
Die Reparaturanfälligkeit von Webstühlen
1953, 28 Seiten, 7 Abb., 5 Tabellen, DM 5,80

HEFT 41
Dipl.-Ing. Waldemar Rohs und
Textil-Ing. Hugo Griese, Bielefeld
Untersuchungsarbeiten zur Verbesserung des Leinenwebstuhles II
Das Verhalten verschiedener Kettfadenwächtersysteme
1953, 40 Seiten, 4 Abb., 5 Tabellen, DM 7,80

HEFT 80
Dipl.-Ing. Waldemar Rohs und
Textil-Ing. Hugo Griese, Bielefeld
Die Verarbeitung von Leinengarnen auf Webstühlen mit und ohne Oberbau
1954, 30 Seiten, 2 Abb., 2 Tabellen, DM 6,—

HEFT 92
Dipl.-Ing. Waldemar Rohs, Dr.-Ing. Günther Satlow
Textil-Ing. Hugo Griese, Bielefeld,
Obering. Herbert Stein und
Textil-Ing. Berthold Fischer, Mönchengladbach
Messungen von Vorgängen am Webstuhl
1954, 76 Seiten, 45 Abb., DM 15,50

HEFT 163
Dipl.-Ing. Waldemar Rohs und
Textil-Ing. Hugo Griese, Bielefeld
Untersuchungsarbeiten zur Verbesserung des Leinenwebstuhls III
Die Wirkung verschiedener Litzen
Die Stellung der Webschäfte
1955, 80 Seiten, 15 Abb., 18 Tabellen, DM 15,80

HEFT 226
Dipl.-Ing. Waldemar Rohs und
Textil-Ing. Hugo Griese, Bielefeld
Untersuchungen zur Verbesserung des Leinenwebstuhles IV
Die Wirkung verschiedener Kettbaumbremsen auf die Verwebung von Leinengarnen
1956, 64 Seiten, 9 Abb., 4 Tabellen, DM 13,50

HEFT 292
Dipl.-Ing. Waldemar Rohs und
Textil-Ing. Griese, Bielefeld
Webversuche an Leinenwebstühlen mit verbesserter Schaftbewegung
1956, 34 Seiten, 3 Abb., 2 Tabellen, DM 7,60

HEFT 379
Obering. Herbert Stein, Textil-Ing. F. W. Hanings,
Mönchengladbach, Dipl.-Ing. Waldemar Rohs und
Textil-Ing. Hugo Griese, Bielefeld
Schußfadenspannung beim Weben
1957, 76 Seiten, 17 Abb., 47 Diagramme,
3 Tabellen, DM 18,60

HEFT 494
Dipl.-Ing. Waldemar Rohs und
Textil-Ing. Hugo Griese, Bielefeld
Entwicklung und Erprobung eines verbesserten elektrischen Kettfadenwächtergeschirrs für die Leinen- und Halbleinenweberei
1957, 56 Seiten, 9 Abb., 11 Tabellen, DM 13,—

HEFT 621
Dipl.-Ing. Waldemar Rohs und
Textil-Ing. Hugo Griese, Bielefeld
Untersuchungen zur Verbesserung des Leinenwebstuhles V
Kettbaumbremsen und -regulatoren
1958, 42 Seiten, 6 Abb., 8 Tabellen, DM 11,30

HEFT 869
Dipl.-Ing. Waldemar Rohs und
Textil-Ing. Hugo Griese, Bielefeld
Zusammenwirken von Kett- und Schußfadenspannungen und ihr Einfluß auf den Gewebeausfall
1960, 32 Seiten, 4 Abb., 6 Tabellen, DM 9,90

HEFT 1167
Textil-Ing. Hugo Griese, Techn.
Wissenschaftliches Büro für die
Bastfaserindustrie, Bielefeld
Verbesserung der Wirtschaftlichkeit und des Warenausfalls durch zusätzliche Befeuchtung der verarbeiteten Garne in der Leinen- und Halbleinenweberei.
1962, 33 Seiten, 12 Abb., 6 Tabellen, DM 17,20

Beurteilung von Geweben und anderen textilen Flächengebilden nach Herstellungsverfahren und Eigenschaften

HEFT 29
Dipl.-Ing. Waldemar Rohs
Die Ausnützung der Leinengarne in Geweben
1953, 100 Seiten, 14 Abb., 10 Tabellen, DM 17,80

HEFT 674
Dipl.-Ing. Waldemar Rohs, Bielefeld
Die Ausnutzung der Garnfestigkeit in Halbleinengeweben
1958, 60 Seiten, 6 Abb., DM 14,30

HEFT 749
Dipl.-Ing. Waldemar Rohs und
Textil-Ing. Hugo Griese, Bielefeld
Einfluß verschiedener Webfaktoren auf die Krumpfung von Halbleinen- und Baumwollgeweben
1959, 28 Seiten, 2 Abb., 10 Tabellen, DM 8,60

HEFT 1002
Prof. Dr.-Ing. Walther Wegener und
Dipl.-Ing. Hans Peuker
Die Beziehungen zwischen der Garngleichmäßigkeit und dem Warenbild textiler Flächengebilde
1961, 128 Seiten, 3 Tabellen, DM 42,40

HEFT 1240
*Dipl.-Ing. Waldemar Rohs und Dipl.-Ing. Rudolf Otto,
Techn.-Wissenschaftliches Büro für die Bastfaserindustrie,
Bielefeld*
Verbesserung der Verarbeitungseigenschaften von
Bastfasergarnen durch Beigabe einer Chemiefaserkomponente
1963, 35 Seiten, 12 Abb., 8 Tabellen, DM 18,60

Textilveredlung (Bleichen, Färben, Drucken, Ausrüsten)

HEFT 32
*Dipl.-Ing. Waldemar Rohs und
Textil-Ing. Hugo Griese, Bielefeld*
Der Einfluß der Natriumchloritbleiche auf Qualität
und Verwebbarkeit von Leinengarnen und die
Eigenschaften der Leinengewebe unter besonderer
Berücksichtigung des Einsatzes von Schützen- und
Spulenwechselautomaten in der Leinenweberei
1953, 64 Seiten, 2 Abb., 12 Tabellen, DM 11,50

HEFT 69
Dipl.-Ing. Heinz Vollenbruck, Krefeld
Bestimmung des Faserabbaues bei Leinen unter
besonderer Berücksichtigung der Leinengarnbleiche
1954, 48 Seiten, 15 Abb., 3 Tabellen, DM 9,60

HEFT 161
*Prof. Dr. rer. nat. Wilhelm Weltzien und
Dr. rer. nat. Gerd Hauschild, Krefeld*
Über Silikone und ihre Anwendung in der Textilveredlung
1955, 162 Seiten, 22 Abb., 10 Tabellen, DM 27,—

HEFT 452
*Prof. Dr. rer. nat. Wilhelm Weltzien und
Dr. phil. nat. Karin Windeck, Krefeld*
Veränderungen an Fasern bei der Bleiche mit
Natriumchlorid und über einige Vergilbungserscheinungen
1957, 64 Seiten, 3 Abb., 13 Tabellen, DM 14,85

HEFT 496
Dipl.-Chem. Peter Vogel, Krefeld
Färberische Eigenschaften von zur Herstellung von
Verdickungen in der Stoffdruckerei bestimmter
Stoffen
1957, 38 Seiten, 3 Abb., 3 Tabellen, DM 9,30

HEFT 498
*Prof. Dr.-Ing. Helmut Zahn und
Dr. rer. nat. Wolfgang Gerstner, Aachen*
Herstellung säurefester technischer Gewebe
1957, 40 Seiten, 8 Tabellen, DM 9,65

HEFT 501
*Dipl.-Ing. Waldemar Rohs und
Dr. rer. nat. Ingeborg Geurten, Bielefeld*
Untersuchungen in der Leinengarnbleiche
1958, 50 Seiten, 5 Abb., 5 Tabellen, DM 11,50

HEFT 761
Dr. rer. nat. Ingeborg Lambrinou-Geurten, Bielefeld
Untersuchungen zur rationellen Durchfärbbarkeit
von Bastfasergarnen
1959, 54 Seiten, 1 Abb., 16 Tabellen, DM 14,10

HEFT 816
*Dr. rer. nat. Helmut Pfannmüller,
Textil-Chemikerin Margret Pfannmüller
und Prof. Dr.-Ing. Helmut Zahn, Aachen*
Die Bewetterung chemisch modifizierter Wollgarne
1960, 28 Seiten, DM 10,10

HEFT 1020
Dr. rer. nat. Ingeborg Lambrinou-Geurten, Bielefeld
Das Bleichen von Pflanzenfasern mit Chlordioxyd-
Erprobung eines neuen Bleichverfahrens in der
Leinengarnbleiche
1961, 40 Seiten, 10 Abb., 6 Tabellen, DM 14,20

Arbeitsvorgänge und Maschinen in der Bekleidungsindustrie

HEFT 940
*Dr.-Ing. Günther Satlow und
Dr. rer. nat. Tarsilla Gerthsen, Aachen*
Einfluß des Bügelns mit der Hoffmann-Presse auf
einige Eigenschaften der Wolle
1960, 46 Seiten, 21 Tabellen, DM 13,50

Gebrauchsfragen einschließlich Wäscherei und Chemischreinigung

HEFT 15
Dipl.-Ing. Herbert Schmidt, Krefeld
Trocknen von Wäschestoffen
I. Lufttrocknung: Untersuchungen an Tumblern
1953, 40 Seiten, 14 Abb., 2 Tabellen, DM 9,—

HEFT 70
Dipl.-Ing. Herbert Schmidt, Krefeld
Trocknen von Wäschestoffen
II. Kontakttrocknung: Untersuchungen über den
Trockenvorgang und die Wäschebeanspruchung
bei der Kontakttrocknung
1954, 42 Seiten, 18 Abb., 3 Tabellen, DM 10,—

HEFT 84
Dr. med. habil. Dr. phil. Heinz Baron, Düsseldorf
Über Standardisierung von Wundtextilien
1954, 32 Seiten, DM 6,40

HEFT 119
Dipl.-Ing. Herbert Schmidt, Krefeld
Wäscherei- und energietechnische Untersuchung
einer Gemeinschafts-Waschanlage
1955, 50 Seiten, 18 Abb., 10,20

HEFT 159
Textil-Chem. Oskar Oldenroth, Krefeld
Das Bleichen von Weißwäsche mit Wasserstoffsuperoxyd bzw. Natriumhypochlorid beim maschinellen Waschen
1955, 54 Seiten, 23 Abb., 2 Tabellen, DM 11,45

HEFT 171
Dipl.-Ing. Herbert Schmidt, Krefeld
Untersuchung der Wäscheentwässerung mit Hilfe von Zentrifugen und Pressen
1955, 42 Seiten, 16 Abb., 4 Tabellen, DM 9,70

HEFT 236
*Dr.-Ing. Oswald Viertel und
Susanne Brückner-Lucas, Krefeld*
Ergebnisse einer Hausfrauenbefragung über Wascheinrichtungen und Waschmethoden in städtischen Haushaltungen
1956, 34 Seiten, 4 Abb., DM 7,60

HEFT 393
*Dr.-Ing. Oswald Viertel und
Susanne Brückner-Lucas, Krefeld*
Arbeitszeitstudien an Haushaltwaschmaschinen
1957, 74 Seiten, 8 Abb., 13 Tabellen, DM 17,30

HEFT 587
Dipl.-Ing. Herbert Schmidt, Krefeld
Auswirkung der Strömungsverhältnisse in Trommelwaschmaschinen unter besonderer Berücksichtigung des Durchlaufspülens
1958, 20 Seiten, 8 Abb., DM 8,45

HEFT 722
Dr.-Ing. Oswald Viertel und Eva Malz, Krefeld
Mechanische Wäschebeanspruchung und Waschwirkung in Rührwerkmaschinen
1959, 59 Seiten, 25 Abb., 23 Tabellen, DM 16,50

HEFT 826
Dr.-Ing. Oswald Viertel und Eva Schmahl, Krefeld
Arbeitszeitstudien an Haushaltbottichwaschmaschinen gleicher Art und Größe mit verschiedener Ausstattung
1960, 37 Seiten, 10 Abb., 4 Tabellen, DM 12,20

HEFT 850
Dr.-Ing. Oswald Viertel, Krefeld
Maßveränderung und Faserbeanspruchung von Wäschestoffen bei verschiedenen Trocknungsverfahren
1960, 34 Seiten, 9 Abb., 12 Tabellen, DM 10,70

HEFT 865
Textil-Ing. Josef Ilg, Krefeld
Ermittlung des Gebrauchswertes von Handtüchern verschiedener Qualität
1960, 45 Seiten, 6 Abb., 22 Tabellen, DM 13,20

HEFT 892
Dipl.-Ing. Herbert Schmidt, Krefeld
Untersuchung über die Wäschebewegung in Trommelwaschmaschinen unter besonderer Berücksichtigung der Reinigungswirkung und des Faserabriebs
1960, 28 Seiten, 9 Abb., DM 9,—

HEFT 960
*Edith Schirmer und
Dipl.-Ing. Herbert Schmidt, Krefeld*
Prüfung von Heimtrocknern (Trommeltrockner) auf Wirkungsgrad und Gewebeangriff
1961, 42 Seiten, 15 Abb., DM 13,50

HEFT 1120
*Dr.-Ing. Oswald Viertel und
Dipl.-Ing. Eberhard Wagner,
Wäschereiforschung Krefeld*
Ursachen der Fleckbildung beim Waschen mit optische Aufheller enthaltenden Waschmitteln und Möglichkeiten zur Beseitigung dieser Schwierigkeiten.
1962, 38 Seiten, 19 Abb., 1 Tabelle, DM 17,80

HEFT 1254
Dipl.-Chem. Harald Hedenetz und Dr.-Ing. Friedrich Dehnert, Forschungsstelle Chemiereinigung e.V., Krefeld
Vergrauungsfaktoren in der Chemischreinigung

HEFT 1275
Dr. Klaus Ziegler, Deutsches Wollforschungsinstitut an der Rhein.-Westf. Technischen Hochschule Aachen
Der Cysteinsäuregehalt der Wolle, seine Bestimmung und seine Veränderung durch Ausrüstungsprozesse

HEFT 1278
*Prof. Dr.-Ing. Paul-August Koch und
Dr. rer. nat. Maria Stratmann, Textilingenieurschule Krefeld*
Verfahren zur Erkennung und Untersuchung von Chemiefaserstoffen: I. Polyacrylnitril- und Multipolymerisat-Faserstoffe
In Vorbereitung

HEFT 1283
*Prof. Dr.-Ing. Walther Wegener und
Dipl.-Ing. Günter Schubert, Institut für Textiltechnik der Rhein.-Westf. Technischen Hochschule Aachen*
Einfluß verschiedener relativer Luftfeuchtigkeiten und Temperaturen auf die Laufverhältnisse, auf die Gleichmäßigkeit und auf die dynamometrischen Eigenschaften der gefertigten Garne

HEFT 1284
Dr. rer. nat. Dipl.-Ing. Eberhard F. Wagner, Wäschereiforschung e. V. Krefeld
Verhalten von Komplexfärbungen und -drucken gegenüber phosphathaltigen Waschmitteln sowie Waschechtheit von Pigmentfärbungen und -drucken
In Vorbereitung

HEFT 1285
Dipl.-Ing. H. Schmidt, Wäschereiforschung e. V., Krefeld
Theorie und Praxis des diskontinuierlichen und kontinuierlichen Spülens
In Vorbereitung

HEFT 1286
Dipl-Ing. Oskar Becker, Institut für textile Meßtechnik Mönchengladbach
Untersuchungen an lederbezogenen Druckrollen für die Streckwerke von Spinnereimaschinen
In Vorbereitung

HEFT 1287
Dr. rer. nat. Hans Günther Fröhlich, Forschungsinstitut der Hutindustrie e. V., Mönchengladbach
Das Färben von Hutfilzen unterhalb Kochtemperatur unter Zusatz von Färbebeschleuniger

HEFT 1294
Dr. rer. nat. Carlo Maurer, Deutsches Wollforschungsinstitut an der Rhein.-Westf. Technischen Hochschule Aachen
Beitrag zur Schrumpffrei-Ausrüstung von Wolle
In Vorbereitung

HEFT 1298
Prof. Dr.rer.nat. Wilhelm Weltzien und Ph. D. Dr.rer. nat. Waman Achwal, Textilforschungsanstalt Krefeld
Die Bestimmung des Wassergehaltes mit Hilfe der Karl-Fischer-Methode in Harnstoff-Formaldehyd-Kunstharzen sowie in unbehandelten und in mit diesen Kunstharzen behandelten Geweben
In Vorbereitung

Textilprüfverfahren, Textilprüfgeräte

HEFT 17
Obering. Herbert Stein, Mönchengladbach
Vergleichende Prüfung mit verschiedenen Dickenmeßgeräten (1. Bericht der Reihe: Untersuchungen der Verzugsvorgänge an den Streckwerken verschiedener Spinnereimaschinen)
1952, 36 Seiten, 15 Abb., DM 8,—

HEFT 18
Dipl.-Ing. Heinz Vollenbruck, Krefeld
Grundlagen zur Erfassung der chemischen Schädigung beim Waschen
1953, 68 Seiten, 15 Abb., 15 Tabellen, DM 12,75

HEFT 26
Dipl.-Ing. Waldemar Rohs und Textil-Ing. Gustav Heller, Bielefeld
Vergleichende Untersuchungen zweier neuzeitlicher Ungleichmäßigkeitsprüfer für Bänder und Garne hinsichtlich ihrer Eignung für die Bastfaserspinnerei
1953, 64 Seiten, 30 Abb., DM 12,50

HEFT 85
Prof. Dr. rer. nat. Wilhelm Weltzien und Dr. rer. nat. habil. Johannes Juilfs, Krefeld
Physikalische Untersuchungen an Fasern, Fäden, Garnen und Geweben:
Untersuchungen am Knickscheuergerät nach Weltzien
1954, 40 Seiten, 11 Abb., 8 Tabellen, DM 10,—

HEFT 199
Dr. rer. nat. habil. Johannes Juilfs, Krefeld
Die Messung von Gewebetemperaturen mittels Temperaturstrahlung
1955, 50 Seiten, 12 Abb., DM 10,90

HEFT 302
Prof. Dr.-Ing. Walther Wegener und Dipl.-Ing. Willi Zahn, Aachen
Untersuchungen von gesponnenen Garnen auf ihre Gleichmäßigkeit nach verschiedenen Meßmethoden
1956, 58 Seiten, 34 Abb., 1 Tabelle, DM 15,20

HEFT 307
Dr. rer. nat. habil. Johannes Juilfs, Krefeld
Vergleichende Untersuchungen zur elastischen und bleibenden Dehnung von Fasern
1956, 36 Seiten, 11 Abb., DM 8,30

HEFT 308
Dr. rer. nat. habil. Johannes Juilfs, Krefeld
Zur Messung der Fadenglätte
1956, 22 Seiten, 10 Abb., 2 Tabellen, DM 8,—

HEFT 358
Prof. Dr. rer. nat. Wilhelm Weltzien, Dipl.-Chem. Paul Ringel und Text.-Ing. Hans Kirchhoff, Krefeld
Die Waschechtheit von Färbungen. Vergleichende Untersuchungen auf dem Gebiete der Echtheitsprüfung
1958, 26 Seiten, 12 Farbtafeln, DM 58,—

HEFT 381
Dr. rer. nat. habil. Johannes Juilfs, Krefeld
Zur Dichtbestimmung von Fasern. Methoden und Beispiele der praktischen Anwendung
1957, 76 Seiten, 34 Abb., 18 Tabellen, DM 17,—

HEFT 436
Dr. rer. nat. habil. Johannes Juilfs, Krefeld
Zur Bestimmung der Reißlast (Zugfestigkeit) von Fasern, Fäden und Garnen
1959, 26 Seiten, 7 Abb., 5 Tabellen, DM 8,60

HEFT 499
Dr. rer. nat. habil. Johannes Juilfs, Krefeld
Die Bestimmung des Wasserrückhaltevermögens (bzw. des Quellwertes) von Fasern
1958, 42 Seiten, 8 Abb., 8 Tabellen, DM 10,35

HEFT 500
Dr. rer. nat. habil Johannes Juilfs, Krefeld
Vergleichende Untersuchungen am Schopper-Scheuerprüfgerät
1958, 60 Seiten, 34 Abb., verschied.Tabellen, DM 18,10

HEFT 633
*Prof. Dr.-Ing. Walther Wegener und
Dipl.-Ing. Egon Haase-Deyerling, Aachen*
Entwicklung und Bau eines vollautomatischen Faserlängenprüfgerätes (Stapelprüfgerät) auf kapazitiver Grundlage, Erprobungen dieses Gerätes und Vergleich mit den bislang üblichen Verfahren auf manueller Basis
1958, 36 Seiten, 15 Abb., 5 Tabellen, DM 10,10

HEFT 700
Obering. Herbert Stein, Mönchengladbach
Zugprüfungen an Textilien mit einer weglosen, elektronischen Kraftmeßeinrichtung
1958, 103 Seiten, 62 Abb., 3 Tabellen, DM 32,—

HEFT 730
*Obering. Herbert Stein und
Dipl.-Phys. Siegfried Hobe, Mönchengladbach*
Gerät zum Auffinden von Fadenverdickungen bei hohen Prüfgeschwindigkeiten
1959, 56 Seiten, 28 Abb., 2 Tabellen, DM 14,80

HEFT 817
Dr. rer. nat. Hansjürgen Kessler, Aachen
Die Zwei- und Dreifaseranalyse auf Grund der Bestimmung von Cystin und Stickstoff
1960, 28 Seiten, DM 8,70

Betriebswirtschaftliche Untersuchungen auf dem Textilgebiet

HEFT 186
Dr. rer. pol. Erich Wedekind, Textil-Ing. Peter Dämkes und Wolfgang v. d. Mark, Krefeld
Untersuchung zur Arbeitsgestaltung bei der Fertigstellung von Oberhemden in gewerblichen Wäschereien *1955, 124 Seiten, 28 Abb., 6 Tabellen, 2 Falttafeln, DM 12,—*

HEFT 197
*Dr. rer. pol. Erich Wedekind und
Textil-Ing. Wilhelm Gartz, Krefeld*
Untersuchungen zur Bestimmung der optimalen Arbeitsplatzgröße bei Mehrstuhlarbeit in der Weberei
1955, 92 Seiten, 34 Abb., DM 18,50

HEFT 631
*Dr. rer. pol. Erich Wedekind und
Textil-Ing. Wilhelm Gartz, Krefeld*
Der Einfluß der Automatisierung auf die Struktur der Maschinen und Arbeiterzeiten am mehrstelligen Arbeitsplatz in der Textilindustrie
1958, 86 Seiten, 34 Abb., DM 21,10

HEFT 715
*Dr. rer. pol. Erich Wedekind,
Textil-Ing. Fritz Kuntze und
Textil-Ing. Peter Dämkes, Krefeld*
Die Auftragsplanung und Arbeitsorganisation in gewerblichen Wäschereien
1959, 116 Seiten, 25 Abb., DM 29,50

HEFT 827
*Dr.-Ing. Egon Sattler,
Verband Deutscher Streichgarnspinner, Düsseldorf*
Disposition mit Arbeitsvorbereitung in der einstufigen (Verkaufs-) Streichgarnspinnerei
1960, 60 Seiten, DM 15,90

HEFT 828
*Textil-Ing. C. Brzeskiewicz,
Verband der Deutschen Tuch- und
Kleiderstoffindustrie e. V., Köln*
Disposition mit Arbeitsvorbereitung und Vertriebsvorbereitung in der Tuch- und Kleiderstoffindustrie *1960, 67 Seiten, 8 Anlagen, DM 17,90*

HEFT 874
*Dr. rer. pol. Erich Wedekind und
Textil-Ing. Hartmut Kokerbeck, Krefeld*
Untersuchungen über rationelle Arbeitsweisen bei Preß- und Bügelvorgängen in Chemisch-Reinigungsbetrieben *1960, 102 Seiten, 17 Abb., zahlr. Tabellen, DM 26,50*

HEFT 1237
Verband Deutscher Streichgarnspinner e.V., Düsseldorf
Betriebsvergleich in den Streichgarnspinnereien, Teil I, bearbeitet vom Forschungsinstitut für Rationalisierung an der Rhein.-Westf. Techn. Hochschule Aachen, Direktor: Prof. Dr.-Ing. J. Mathieu
In Vorbereitung

Volkswirtschaftliche Untersuchungen auf dem Textilgebiet

HEFT 222
*Dr. rer. pol. Lutz Köllner und
Dipl.-Volksw. Manfred Kaiser, Münster*
Die internationale Wettbewerbsfähigkeit der westdeutschen Wollindustrie
1956, 214 Seiten, 5 Abb., DM 39,50

HEFT 323
Prof. Dr. Rudolf Seyffert, Köln
Wege und Kosten der Distribution der Textilien, Schuh- und Lederwaren
1956, 98 Seiten, 37 Tabellen, 1 Falttafel, DM 12,—

HEFT 607
Dr. rer. pol. Hyronimus Schlachter, Münster
Die Wettbewerbslage der westdeutschen Juteindustrie
1958, 137 Seiten, 35 Tabellen, DM 32,—

HEFT 819
*Dipl.-Volksw. Dr. rer. pol. Heinz Hubert Kaup,
Münster*
Einkommen und Textilverbrauch
1960, 92 Seiten, 34 Tabellen, DM 23,20

HEFT 911
*Dr. rer. pol. Hannedore Kahmann und
Dipl.-Volksw. Renate Papke, Münster (Westf.)*
Langfristige Strukturwandlungen und Anpassungsprozesse der britischen Baumwollindustrie unter dem Einfluß der Industrialisierung in Indien und anderen asiatischen Ländern
1960, 120 Seiten, 38 Tabellen, DM 31,20

HEFT 1036
Dipl.-Kfm. Dr. Eduard Terrahe, Münster
Möglichkeit und Grenzen einer Rationalisierung und Automatisierung in der westdeutschen Baumwollrohweberei. Ein Beitrag zur Beurteilung ihrer Wettbewerbsfähigkeit gegenüber USA, Japan und Indien
1961, 232 Seiten, 51 Tabellen, DM 49,—

HEFT 1069
Dipl.-Volksw. Dr. Wolfgang Rothe
Internationaler Preis- und Kaufkraftvergleich für Bekleidung in Ländern des gemeinsamen Marktes und der Freihandelszone
1962, 226 Seiten, zahlr. Tabellen, DM 43,—

HEFT 1115
*Dipl.-Volksw. Dr. Wilhelm Kurth,
im Auftrage der Forschungsstelle für allgemeine und textile Marktwirtschaft an der Universität Münster*
Vermögensbestand und Kapitalbedarf in einigen Zweigen der Textilindustrie.
1962, 146 Seiten, 9 Abb., 33 Tabellen, DM 52,—

HEFT 1234
*Dipl.-Volkswirt Dr. Klaus Hoffarth,
Forschungsstelle für allgemeine und textile Marktwirtschaft an der Universität Münster*
Lagerhaltung und Konjunkturverlauf in der Textilwirtschaft
1963, 127 Seiten, 35 Abb., 18 Tabellen, DM 52,—

Verzeichnisse der Forschungsberichte aus folgenden Gebieten können beim Verlag angefordert werden:
Acetylen/Schweißtechnik – Arbeitswissenschaft – Bau/Steine/Erden – Bergbau – Biologie – Chemie – Eisenverarbeitende Industrie – Elektrotechnik/Optik – Energiewirtschaft – Fahrzeugbau/Gasmotoren – Farbe/Papier/Photographie – Fertigung – Funktechnik/Astronomie – Gaswirtschaft – Holzbearbeitung – Hüttenwesen/Werkstoffkunde – Kunststoffe – Luftfahrt/Flugwissenschaften – Luftreinhaltung – Maschinenbau – Mathematik – Medizin/Pharmakologie/NE-Metalle – Physik – Rationalisierung – Schall/Ultraschall – Schiffahrt – Textiltechnik/Faserforschung/Wäschereiforschung – Turbinen – Verkehr – Wirtschaftswissenschaft.

Die Arbeitsgemeinschaft für Forschung des Landes Nordrhein-Westfalen vereinigt unabhängige Wissenschaftler in einer Gemeinschaftsarbeit. Führende Fachleute aller Fakultäten haben sich zusammengefunden, um in persönlichem Kontakt und über die Grenzen des Fachgebietes hinaus Wege zu größeren Übersichten auf wissenschaftlichem Gebiet zu bahnen. Die Arbeitsgemeinschaft vereinigt die Vertreter der Grundlagenforschung und der Zweckforschung.

Die Ergebnisse der Forschungsarbeit werden auf den monatlichen Sitzungen von Fachwissenschaftlern vorgetragen und dann mit den Mitgliedern der Arbeitsgemeinschaft diskutiert. Um die wertvollen Ergebnisse dieser Sitzungen über den Mitgliederkreis hinaus allen interessierten Stellen zugänglich zu machen, werden diese in einer besonderen Schriftenreihe veröffentlicht. Die Veröffentlichungen der AGF gliedern sich in eine naturwissenschaftliche und geisteswissenschaftliche Reihe. Unabhängig davon erscheinen die Forschungsberichte.

VERÖFFENTLICHUNGEN
DER ARBEITSGEMEINSCHAFT FÜR FORSCHUNG
DES LANDES NORDRHEIN-WESTFALEN

Herausgegeben im Auftrage des Ministerpräsidenten Dr. Franz Meyers
von Staatssekretär Prof. Dr. h. c. Dr.-Ing. E. h. Leo Brandt

Geisteswissenschaftliche Reihe

HEFT 1
Prof. Dr. Werner Richter, Bonn
Von der Bedeutung der Geisteswissenschaften für die Bildung unserer Zeit
Prof. Dr. Joachim Ritter, Münster
Die Lehre vom Ursprung und Sinn der Theorie bei Aristoteles
1953, 64 Seiten, kartoniert DM 2,90

HEFT 6
Prälat Prof. Dr. Dr. h. c. Georg Schreiber, Münster
Deutsche Wissenschaftspolitik von Bismarck bis zum Atomwissenschaftler Otto Hahn
1954, 102 Seiten, 7 Abb., kartoniert DM 5,—

HEFT 15
Prof. Dr. Franz Steinbach, Bonn
Der geschichtliche Weg der wirtschaftenden Menschen in die soziale Freiheit und politische Verantwortung
1954, 76 Seiten, kartoniert DM 2,90

HEFT 20
Prof. Dr. Ludwig Raiser, Bad Godesberg
Rechtsfragen der Mitbestimmung
1954, 48 Seiten, kartoniert DM 2,—

HEFT 25
Prof. Dr. Hans Peters, Köln
Die Gewaltentrennung in moderner Sicht
1954, 48 Seiten, kartoniert DM 2,20

HEFT 49
Prof. D. Dr. Friedrich Karl Schumann, Münster
Mythos und Technik
1958, 60 Seiten, kartoniert DM 4,—

HEFT 52
Prof. Dr. Hans J. Wolff, Münster
Die Rechtsgestalt der Universität
1956, 48 Seiten, kartoniert DM 2,65

HEFT 66
Prof. Dr. Werner Conze, Münster
Die Strukturgeschichte des technisch-industriellen Zeitalters als Aufgabe für Forschung und Unterricht
1957, 52 Seiten, kartoniert DM 2,70

HEFT 72
Prof. Dr. Josef Pieper, Essen
Über den Begriff der Tradition
1958, 66 Seiten, kartoniert DM 3,70

HEFT 79
Prof. Dr. Paul Gieseke, Bad Godesberg
Eigentum und Grundwasser
1959, 32 Seiten, kartoniert DM 2,60

HEFT 80
Prof. Dr. Dr. Werner Richter, Bonn
Wissenschaft und Geist in der Weimarer Republik
1958, 32 Seiten, kartoniert DM 2,60

HEFT 85
André George, Paris
Der Humanismus und die Krise der Welt von heute
1959, 40 Seiten, kartoniert DM 2,70

Naturwissenschaft · Technik · Wirtschaft

HEFT 2
Prof. Dr.-Ing. Wolfgang Riezler, Bonn
Probleme der Kernphysik
Prof. Dr. Fritz Micheel, Münster
Isotope als Forschungsmittel in der Chemie und Biochemie
1951, 40 Seiten, 10 Abb., kartoniert DM 2,40

HEFT 8
Prof. Dr.-Ing. Wilhelm Fucks, Aachen
Die Naturwissenschaft, die Technik und der Mensch
Prof. Dr. Walther Hoffmann, Münster
Wirtschaftliche und soziologische Probleme des technischen Fortschrittes
1952, 84 Seiten, 12 Abb., kartoniert DM 4,80

HEFT 12
Dr. Hermann Rathert, Wuppertal-Elberfeld
Entwicklung auf dem Gebiet der Chemiefaser-Herstellung
Prof. Dr. Wilhelm Weltzien, Krefeld
Rohstoff und Veredelung in der Textilwirtschaft
1952, 84 Seiten, 29 Abb., kartoniert DM 4,80

HEFT 16
Prof. Dr. Dr. h. c. Rudolf Seyffert, Köln
Die Problematik der Distribution
Prof. Dr. Theodor Beste, Köln
Der Leistungslohn
1952, 70 Seiten, 1 Abb., kartoniert DM 3,50

HEFT 20
M. Zvegintzov, London
Wissenschaftliche Forschung und die Auswertung ihrer Ergebnisse
Ziel und Tätigkeit der National Research Development Corporation
Dr. Alexander King, London
Wissenschaft und internationale Beziehungen
1954, 88 Seiten, kartoniert DM 4,20

HEFT 21a
Prof. Dr. Dr. h. c. Otto Hahn, Göttingen
Die Bedeutung der Grundlagenforschung für die Wirtschaft
Prof. Dr. Siegfried Strugger, Münster
Die Erforschung des Wasser- und Nährsalztransportes im Pflanzenkörper mit Hilfe der fluoreszenzmikroskopischen Kinematographie
1953, 74 Seiten, 26 Abb., kartoniert DM 5,—

HEFT 22
Prof. Dr. Johannes von Allesch, Göttingen
Die Bedeutung der Psychologie im öffentlichen Leben
Prof. Dr. Otto Graf, Dortmund
Triebfedern menschlicher Leistung
1953, 80 Seiten, 19 Abb., kartoniert DM 4,—

HEFT 38
Dr. Colin E. Cherry, London
Kybernetik. Die Beziehung zwischen Mensch und Maschine
Prof. Dr. Erich Pietsch, Clausthal-Zellerfeld
Dokumentation und mechanisches Gedächtnis — zur Frage der Ökonomie der geistigen Arbeit
1954, 108 Seiten, 31 Abb., kartoniert DM 5,25

HEFT 46
Prof. Dr. Wilhelm Weltzien, Krefeld
Ausblick auf die Entwicklung synthetischer Fasern
Prof. Dr. Walther G. Hoffmann, Münster
Wachstumsprobleme der Wirtschaft
1959, 82 Seiten, 6 Abb., kartoniert DM 5,40

HEFT 47
Staatssekretär Prof. Dr. h. c. Dr.-Ing. E. h. Leo Brandt, Düsseldorf
Die praktische Förderung der Forschung in Nordrhein-Westfalen
Prof. Dr. Ludwig Raiser, Bad Godesberg
Die Förderung der angewandten Forschung durch die Deutsche Forschungsgemeinschaft
1957, 108 Seiten, 82 Abb., kartoniert DM 9,55

HEFT 75
Prof. Dr. Wilhelm Klemm, Münster
Neue Wertigkeitsstufen bei Übergangselementen
Prof. Dr.-Ing. Helmut Zahn, Aachen
Die Wollforschung in Chemie und Physik von heute
1960, 87 Seiten, 21 Abb., 23 Tabellen, kartoniert DM 8,40

HEFT 86
Prof. Dr.-Ing. Paul Denzel, Aachen
Technische Probleme der Energieumwandlung und -fortleitung
1960, 28 Seiten, 5 Abb., kartoniert DM 2,40

WESTDEUTSCHER VERLAG · KÖLN UND OPLADEN
567 Opladen/Rhld., Ophovener Straße 1-3

MIX
Papier aus verantwortungsvollen Quellen
Paper from responsible sources
FSC® C105338

If you have any concerns about our products,
you can contact us on
ProductSafety@springernature.com

In case Publisher is established outside the EU,
the EU authorized representative is:
**Springer Nature Customer Service Center GmbH
Europaplatz 3, 69115 Heidelberg, Germany**

Printed by Libri Plureos GmbH
in Hamburg, Germany